动物生物学实验指导

◎ 李兴霞　齐泽民　段辉国　主编

中国农业科学技术出版社

图书在版编目（CIP）数据

动物生物学实验指导 / 李兴霞，齐泽民，段辉国主编 . —北京：中国农业科学技术出版社，2016. 12

ISBN 978 – 7 – 5116 – 2877 – 0

Ⅰ. ①动… Ⅱ. ①李…②齐…③段… Ⅲ. ①动物学 – 生物学 – 实验 – 高等学校 – 教学参考资料 Ⅳ. ①Q95 – 33

中国版本图书馆 CIP 数据核字（2016）第 307886 号

本书由内江师范学院组织出版
四川省教育厅卓越水产养殖专业人才培养试点项目（编号：14J001）；
四川省教育厅水产养殖专业综合改革项目（编号：13B004）；
内江师范学院生物化学与分子生物学重点建设学科（编号：04323）；
四川省教育厅农科教合作人才培养实践基地项目（编号：SJ15002）；
四川省教育厅本科院校专业（群）转型发展改革试点项目。

责任编辑　闫庆健　杜　洪
责任校对　贾海霞

出 版 者　中国农业科学技术出版社
　　　　　北京市中关村南大街 12 号　邮编：100081
电　　话　（010）82106632（编辑室）　（010）82109702（发行部）
　　　　　（010）82109709（读者服务部）
传　　真　（010）82106625
网　　址　http：//www.castp.cn
经 销 者　各地新华书店
印 刷 者　北京建宏印刷有限公司
开　　本　787mm×1 092mm　1/16
印　　张　11
字　　数　275 千字
版　　次　2016 年 12 月第 1 版　2018 年 7 月第 3 次印刷
定　　价　28.00 元

《动物生物学实验指导》
编 委 会

主 编 李兴霞 齐泽民 段辉国

编写人员（按姓氏笔画排序）

王永明 付伟丽 史晋绒 张志勇

张 楠 李兴霞 李 武 李 斌

段 彬 唐正义 徐丹丹 黄作喜

彭慧娟 蒋佳君 黎 勇

前　　言

　　进入 21 世纪以来，我国高等教育尤其是高等师范教育的教学内容和课程体系发生了较大的调整和改革。动物学作为高校生物类专业一门传统的专业基础主干课程，随着高等教育改革的不断深入和微观生物学的快速发展，同时为适应素质教育的要求，高等学校人才培养模式改革向"宽口径、厚基础、重能力"的方向发展，动物学课程的学时一再被压缩，课程的名称也逐渐演变成"动物生物学"。

　　动物生物学实验是动物生物学教学中一个重要组成部分，对于提高学生的学习兴趣、实验技能和独立工作能力，培养学生的科学思维能力和创新意识，从而全面提高学生的综合素质都具有重要意义。本教材的编写理念是，从"加强基础、培养能力、提高素质"出发，更多地发挥学生的主体作用。在编写过程中，特别注意了以下 3 点：①系统性：内容全面系统，涵盖基本实验技能、无脊椎动物和脊椎动物的细胞组织、形态、结构、分类等各个方面；按照动物实体观察解剖、动物分类、标本制作、附录 4 个部分编排。②实用性：选入的实验切实可行，且多具应用价值，旨在培养学生观察、标本采集、解剖、分类、标本制作等各方面的技能，操作要求科学、规范，由表及里，兼顾局部与整体的观察，结构与机能的联系。③易行性：选入的实验力求简单、材料易得、有代表性，且易操作；熟悉基本实验技能，提高动手能力及观察分析问题的能力，培养科学严谨实事求是的学风，为后续专业基础课程和专业课程的学习奠定良好的基础。

　　本教材适用面广、可选择性强，可供普通高校的生物科学、动物科学、动物医学、水产养殖、生物技术等专业师生使用，也可作为中学生物学教师的教学参考书。限于编者水平，书中纰漏和错误在所难免，恳请各位同仁和读者批评指正。

编　者

2016 年 10 月

目　　录

第一篇　实体观察、解剖篇

第二篇　动物分类篇

第三篇　标本制作篇

附录篇

第一篇

实体观察、解剖篇

实验一 动物细胞和组织制片及观察

观察和了解动物细胞和组织的基本类型、结构和功能，是动物学学习和研究显微结构观察的基础，也有助于理解动物类群由单细胞到多细胞、由简单到复杂的进化历程。观察动物细胞和组织的形态结构，常需制备玻片标本在显微镜下观察。

一、目的和内容

（一）目的

（1）了解动物细胞和动物组织的临时制片方法。
（2）了解动物细胞和四类基本组织的结构和功能。

（二）内容

（1）细胞：人口腔上皮细胞制片，动物细胞的有丝分裂切片。
（2）上皮组织：复层扁平上皮切片。
（3）结缔组织：透明软骨切片、疏松结缔组织切片和蛙的血液制片。
（4）肌肉组织：横纹肌制片，平滑肌切片。
（5）神经组织：脊髓的前角细胞切片。

二、实验材料和用品

人口腔上皮、疏松结缔组织及血液组织（活蛙或蟾蜍）、横纹肌（蝗虫浸制标本）、有丝分裂制片、复层扁平上皮、透明软骨、平滑肌及神经组织4种组织的切片。

载玻片、盖玻片、解剖器、吸管、吸水纸、牙签、0.1%及1%的亚甲基蓝、0.7%及0.9%的氯化钠溶液、蒸馏水。

三、实验操作及观察

（一）人口腔上皮细胞

用牙签粗的一端，放在自己的口腔里，轻轻地在口腔颊内刮几下（注意不要用力过猛，以免损伤颊部）。将刮下的白色黏性物质薄而均匀地涂在载玻片上，加一滴0.9%氯化钠溶液，然后加盖玻片，在低倍显微镜下观察。口腔上皮细胞常数个连在一起。由于口腔上皮细胞薄而透明，因此光线需要暗些。找到口腔上皮细胞后，将其放在视野中心，再转高倍镜观察。口腔上皮细胞呈扁平多边形。试辨认细胞核、细胞质、细胞膜。若观察不清楚时，可在盖玻片一侧加一滴 0.1% 的亚甲基蓝，另一侧放一小块吸水纸。如此，可使染液流入盖玻片下面，将细胞染成浅蓝色。核染色较深。注意染液不可加得过多，以免妨碍观察。

（二）疏松结缔组织

取活蛙或蟾蜍经麻醉或处死后，剪开腹部的皮肤，用细镊子从皮肤与肌肉层之间取下一小片结缔组织（两栖类的皮下结缔组织较发达）。放在干净的载玻片上，加一滴 0.7% 氯化钠溶液。用解剖针将其展薄，加数滴 1% 亚甲基蓝后，用 0.7% 氯化钠溶液冲去多余染液。加盖玻片在显微镜下观察。

可见胶原纤维和弹性纤维均不着色。胶原纤维成束，弯曲成波浪状；弹性纤维细而具分枝，不成束，无波浪状弯曲。结缔组织细胞不甚规则，核着色深而清楚，细胞质色浅能辨认出细胞界限（图 1 - 1）。

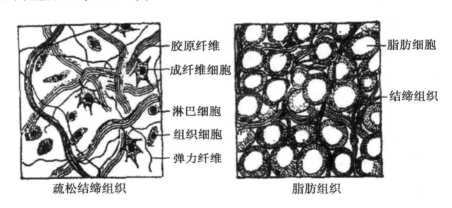

胶原纤维
成纤维细胞
淋巴细胞
组织细胞
弹力纤维

脂肪细胞
结缔组织

疏松结缔组织　　　　　脂肪组织

图 1 - 1　疏松结缔组织和脂肪组织

（三）血液组织

解剖蛙或蟾蜍，以吸管从心脏（最好在动脉圆锥处）取出血液，放一小器皿中，加入少许 0.7% 氯化钠 I 溶液稀释制成悬浮液。吸此液一滴，制成临时装片，在显微镜下观察。蛙的红细胞呈扁椭圆形，单个红细胞呈极浅的黄色，中央有一较大的椭圆形细胞核。红血细胞间的无色液体称为血浆（实际已被稀释）。轻轻地敲击载玻片，可看到血细胞在血浆中转动，注意观察红细胞的侧面是什么形状。

（四）肌肉组织

从保存的蝗虫浸制标本胸部用细镊子取下一小束肌肉，放在载玻片上加 1～2 滴水，用解剖针仔细分离（越细越好），加盖玻片置于显微镜下观察。蝗虫的肌肉为横纹肌，肌肉组织由长形的肌纤维组成。肌原纤维有明暗相间的横纹，可在高倍镜下仔细观察。在细胞膜下面分布有许多椭圆形的细胞核，故横纹肌为多核的合胞体。若观察不够清楚时，可用 0.1% 亚甲基蓝染色。

四、切片观察

（一）细胞的有丝分裂

在各示范切片中应辨认了解染色体、中心粒及纺锤体。注意分裂各期的特点。

前期：染色体出现，着色较深。中心粒已分裂为二，向两极移动，形成纺锤体。在前期结束时，核仁及核膜消失。

中期：染色体排列在细胞赤道上，中心粒已达两极，此时纺锤体最大，染色体数目很清楚。

后期：各染色体已纵裂为二，分别向两极移动。细胞已开始分裂，细胞的中部出现凹陷。

末期：细胞分裂为二，染色体消失。重新组成的细胞核出现（图1－2）。

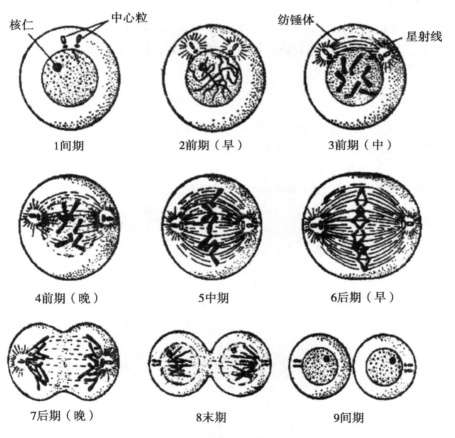

图1－2　动物细胞的有丝分裂

（二）上皮组织（复层扁平上皮）

取食道横切片、用低倍镜找到上皮组织，转高倍镜观察。基层为排列整齐的一层柱状细胞，最外层为多层扁平细胞。

（三）软骨组织

观察透明软骨的染色体切片，可见大部底质被染成相同的均匀颜色，此即为软骨基质，基质中有许多圆形或卵形的窝，称为胞窝，常常 2 个或 4 个并列在一起。胞窝内有软骨细胞，细胞核染成深色，细胞膜界限很清楚，细胞质染色极浅，不太清楚。

（四）肌肉组织 （平滑肌）

取猫小肠的横切片，在低倍镜下观察，肠壁被染成淡粉红色的部分为肌肉层，将光线调节略暗些，可见肌肉是由很多细梭形的细胞所组成，此即为平滑肌细胞，核呈椭圆形，被染成蓝紫色。

（五）神经组织

观察牛脊髓涂片。找到有细胞处，可见细胞被染成淡蓝色，细胞体形状不规则。细胞核位于中央，色浅，核仁着色较深。能看到细胞突起，树突的基部较粗，而轴突则粗细均匀，涂片上不易看到。

五、实验报告

（1）绘制人口腔上皮细胞（绘 2～3 个细胞，详绘其中 1 个细胞）。
（2）绘制蝗虫横纹肌细胞，并注明图中各部分名称。
（3）细胞分裂各期有何特点？
（4）总结 4 类基本组织的结构特点与主要机能。

实验二　草履虫的形态和生活习性

　　原生动物是最简单、最原始、最低等的动物。原生动物的身体是由单个细胞构成的，这个细胞即具有一般细胞的基本结构，又具有一般动物所表现的生活功能。原生动物的单个细胞不同于多细胞动物体内的一个细胞，它以其细胞质分化形成的各种细胞器来完成全部生命活动，是一个完整的、独立的动物有机体。

　　草履虫个体较大，结构典型，观察方便，繁殖快速，易采集培养，是生命科学基础理论研究的理想材料，尤其在细胞生物学、细胞遗传学研究中更具有科学价值。

一、目的和内容

（一）目的

　　（1）了解草履虫的基本形态。认识原生动物是单细胞构成的、能独立生活的完整动物有机体。

　　（2）通过了解草履虫的主要特征，了解原生动物并认识一些常见的种类。

　　（3）学会对水中的运动微型动物的观察和实验方法。

（二）内容

　　（1）草履虫的采集和培养。

　　（2）观察草履虫的形态结构。

　　（3）观察草履虫的生活习性。

二、实验材料和用品

（一）实验材料的采集和培养

1. 采集

　　大草履虫属于纤毛纲，全毛目，生活在有机质丰富且不大流动的河沟或池塘中，在春、夏、秋三个季节里生长繁盛，草履虫常在水面浮游，其聚集的地方看上去水面呈灰白色。舀取这样的水体表层，若发现有稀疏的针尖大小的白点在游动，则可断定多半已采集到了草履虫。

　　草履虫的包囊常附于新鲜的稻草、狗尾草的茎秆上。取其近根部的 1~2 节，剪成 3cm 长，加水 4~5 倍，放在温暖、光亮处，保持温度 20~25℃培养 5~7d 即可得到草履虫。

2. 培养

自然环境中得到的水样或培养液中的草履虫密度较小，且混有其他种类的原生动物或其他的水生小生物。若需要大量和纯系的草履虫，应进行分离、纯培养。

取野外获得的水样少量放在表面皿内，置于解剖镜下，用微吸管（口径不大于0.2mm）吸取分离。将吸取的草履虫入培养液中培养，每毫升培养液中至少移入 2 个草履虫。若移入的虫体太少，则密度过小，培养就不易成功。若要培养纯系的草履虫，则只能吸取 1 个草履虫放入少量培养液中先培养，待培养增殖到 20～30 个草履虫时再扩大培养。

（1）狗尾草（或稻草）液培养草履虫。用洁净狗尾草（或稻草）10g 剪成 3cm 左右的小段，加 1 000ml 自来水，于容器中煮沸 20min 左右，冷却后用纱布滤出上清液，保存于加盖容器中，24h 后即可使用。草履虫喜微碱性的环境，若培养液呈酸性，可用1% 碳酸氢钠调到微碱性，但 pH 值不能大于 7.5。

（2）麦粒液培养草履虫。用麦粒 5g 加自来水 1 000ml，煮到麦粒裂开，放入加盖容器中，24h 后即可使用。

（3）玉米培养液法。将 5g 玉米面粉放于盛有 1 000ml 水的烧杯中，煮沸后，再慢火煮约 10min，趁热过滤，滤去较大的颗粒，然后静置 1d。将采集的草履虫分离纯化后，接种到制备好的培养液中，在 26～28℃的恒温培养箱中进行培养，一般 5d 左右即可。

（4）酵母片培养液法。取 1 000ml 蒸馏水加入容器中，然后放入干酵母片 0.59g，振荡均匀后备用。然后用很细的玻璃管，在草履虫液的表层吸一滴液体注入配好的培养液中培养，2～3d 可有大量草履虫出现。

（5）沼液培养液法。沼液中含有多种生物活性有机物，包括氮、磷、钾、铜、锌、锰等矿物质及多种氨基酸等，营养成分丰富。取发酵 50 d 左右的沼液，与蒸馏水 1∶1混合，将混合后的培养液在 25℃恒温箱培养 2d 后，再将采集的草履虫分离纯化后放入制备好的沼液培养液中。在 20℃的光照恒温培养箱中进行培养。一般培养 3d 左右即可。

培养草履虫要放置在温暖的地方，但要避免阳光直射，温度控制在 20～25℃，一般培养 1 周即可得到大量的草履虫。一旦草履虫繁殖过多，培养液中营养减少，代谢物积累，往往引起虫体的大量死亡。因此，在培养过程中每隔 2～3d 用吸管吸取培养液底部的沉淀物，然后加入等量的新鲜培养液，这样可使草履虫得到长期保存培养。

（二）用具和药品

显微镜、解剖镜、载玻片、盖玻片、滴管、吸管、精密 pH 试纸、吸水纸、脱脂棉、蓝黑墨水、5% 的冰醋酸、墨汁、1% 氯化钠溶液、1% 碳酸氢钠溶液、蒸馏水。

三、实验操作及观察

（一）草履虫的形态结构

为限制草履虫的快速游动以便观察，先将少许棉花撕松放在载玻片中部，再用滴管吸取草履虫培养液滴 1 滴在棉花纤维之间，盖上盖玻片，在低倍镜下观察。如果草履虫的游动仍很快，则用吸水纸在盖玻片的四周吸去部分水（注意不要吸干），再进行观察。

1. 外形

在低倍镜下，将光线适当调暗，使草履虫与背景之间有足够的明暗反差。可看到草履虫形似倒置的草鞋底，前端钝圆，后端稍尖，体表密布纤毛。从虫体前段开始，体表有一斜向后行直达虫体中部的凹沟，这为口沟，口沟处有较长的纤毛。

2. 内部结构

选择虫体大而又不太活动的草履虫转高倍镜观察其内部结构。虫体的表面是表膜，紧贴表膜的一层细胞质透明无颗粒，为外质。外质内有许多与表膜垂直排列的折光性较强的椭圆形刺丝泡。外质向内的细胞质多颗粒，为内质。

虫体口沟的末端有一胞口，胞口后连一深入到内质的弯曲短管，为胞咽，胞咽壁上有长纤毛联合形成的波动膜。内质中有大小不同的圆形泡，多为食物泡。在虫体的前后端各有一个透明的大圆形泡，可以伸缩，为伸缩泡。

大草履虫有大小 2 个细胞核，位于内质中央。活的草履虫核不易观察到，在盖玻片一侧滴 1 滴 5% 的醋酸，另一侧用吸水纸吸水，使盖玻片下的草履虫浸在醋酸中。2～3min 后，在低倍镜下可见到虫体中部被染成淡黄色，大核呈肾形。转高倍镜观察，可见大核的凹处有一点状的小核（图 2－1）。

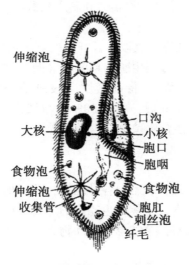

图 2－1　草履虫模式图（自堵南山）

（二）草履虫的生活习性

1. 运动

草履虫运动时，全身纤毛有节奏地呈波状依次快速摆动，由于口沟的存在和该处纤毛有力的摆动，而使虫体绕其中轴向左旋转。沿螺旋状路线前进。低倍镜下将光线调暗些可以见到虫体的游动和纤毛的摆动。

2. 食物泡的变化

取1滴草履虫培养液于载玻片中央，加少许墨汁掺入液滴中，混匀，再加少量棉花纤维并加盖玻片。在低倍镜下寻找被棉花纤维圈住但口沟未受压迫的草履虫，转高倍显微镜仔细观察食物泡的形成、大小的变化以及在虫体内环流的过程。

3. 草履虫的应激性

（1）刺丝泡的发射。用以上方法制成草履虫临时装片。在盖玻片的一侧滴1滴用蒸馏水稀释20倍的蓝黑墨水，另一侧用吸水纸吸引，使蓝黑墨水浸过草履虫。在高倍显微镜下观察，可见刺丝已射出，在虫体周围呈乱丝状。

（2）对盐度变化的反应。取5张载玻片，分别在其中部偏左滴1滴蒸馏水以及0.1%，0.3%，0.5%，0.7%系列浓度的氯化钠溶液。用滴管吸取密集草履虫培养液，分别滴1滴于各载玻片中部偏右。然后用滴管尖部连划每个载玻片上的左右两液滴，置于解剖镜下观察，注意观察草履虫的游动和分布。10min后加棉花纤维和盖玻片，制成临时装片，在低倍镜下选定一草履虫，转高倍镜观察其伸缩泡的收缩。注意各载玻片上草履虫伸缩泡的收缩频率。

（3）对酸刺激的反应。用滴管吸取密集草履虫培养液滴于2张载玻片上，将载玻片置于解剖镜下、用毛细滴管分别吸取（0.01%～0.02%）、（0.04%～0.06%）醋酸溶液，滴1小滴在载玻片上的草履虫液滴中央。在解剖镜下观察草履虫的动态，并用pH试纸分别轻轻浸入液层中草履虫聚集处和滴入醋酸液处，检测其pH值。

4. 草履虫的生殖

（1）无性生殖（分裂生殖）。吸取生长旺盛的草履虫培养液滴于载玻片上，在解剖镜或低倍镜下可见到正在进行分裂生殖的草履虫（图2-2）。

（2）有性生殖（接合生殖）。将高密度草履虫培养液吸出放入培养皿中，加入10～15倍清水，置于暗处，12h后，就有20%的草履虫进行接合生殖，取其液制成临时装片，置于显微镜下观察接合生殖的过程。

四、实验报告

（1）绘制草履虫放大详图，表示出各种结构，并标出其名称。

（2）通过对草履虫的观察，了解原生动物的主要特征。

（3）通过对草履虫的观察，总结单细胞动物有哪些细胞器的分化，各有什么功能？

附：绿眼虫的观察

1. 绿眼虫的采集和培养

（1）采集。在腐殖质丰富的静水小河沟、池塘或污水坑中，尤其是呈绿色略带臭

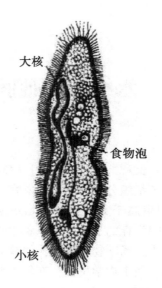

大核

食物泡

小核

图 2 - 2　草履虫横二分裂（自堵南山）

味的水体中，往往可采到大量的绿眼虫。采集到的绿眼虫及时进行观察的效果最好，时间久了，环境条件改变，常会在虫体表面形成厚的包囊而影响实验观察。

　　（2）培养。取 200ml 的广口瓶，放入富含腐殖质的干泥土 20g，加入 150ml 清水，以棉花塞住瓶口，注意不要塞得太紧。然后煮熟消毒 15min，室温放置 24h，即可用以接种绿眼虫。接种时，在解剖镜下用微吸管将采集来的绿眼虫吸出直接接种，每瓶接种 20～30 个为宜。接种后，放在温暖光亮的地方，注意不要让日光直射，室温最好保持 15～20℃，1 周后绿眼虫大量繁殖，水呈绿色。

　　2. 绿眼虫的观察

　　从培养瓶绿色较浓的一边用吸管吸取培养液，在载玻片上滴 1 滴并加盖玻片。先在低倍镜下观察，可看到一些绿色游动的绿眼虫。这些游动的绿眼虫因其鞭毛不停地摆动，身体作螺旋状摇摆前进。当虫体不甚活动时，常由虫体收缩而出现特殊的蠕动，这为绿眼虫式运动。

　　在高倍镜下观察一个蠕动绿眼虫，观察绿眼虫的体形，辨认虫体的前后端。可见整个虫体略呈梭形，前端钝圆，后端尖削。在前端有一个略呈长圆形无色透明的结构，为储蓄泡，前端的一侧有一个红色的眼点。细胞内有许多绿色的椭圆形小体，为叶绿体。在虫体中央稍后有一个圆形透明的结构，是细胞核。将光线调暗些，可看到虫体的前端有一根鞭毛。在盖玻片的一侧加 1 小滴碘液，另一侧用吸水纸稍吸，则将鞭毛和细胞核染成揭色。

　　有时在显微镜下可看到圆形不动的个体，外面形成一层较厚的包囊。

实验三　水螅及其他腔肠动物

腔肠动物门（Coelenterata）又称刺细胞动物门（Cnidaria），是辐射对称或两辐射对称的两胚层动物，开始出现了组织分化和简单的器官，能适应固着或漂浮生活，是最原始的真后生动物。淡水水螅隶属于无鞘螅目（Anthoathecatae）水螅科（Hydridae），在淡水水域中分布广泛。有水螅生存的水域，难以孳生蚊子子了。水螅是生命探索领域重要的模式生物之一。刺细胞为腔肠动物所特有，水螅刺细胞内的刺丝囊是物种分类鉴定的重要依据之一。由于水螅种间生物学特性存在较大差异，开展实验研究工作需对其进行物种鉴定和单系培养繁殖。

一、目的和内容

（一）目的

（1）通过观察水螅的形态结构，了解腔肠动物门的基本特征。

（2）通过观察其他腔肠动物，了解腔肠动物门各纲的区别特征，并认识一些常见的淡水及海水生活的腔肠动物。

（二）内容

（1）水螅的活体观察与实验。

（2）水螅玻片标本的观察。

（3）介绍常见的腔肠动物。

二、实验材料和用品

（一）实验材料

（1）水螅纲：生活的水螅、水螅的整体装片、水螅的纵切片及横切片、水螅带精巢和卵巢装片、水螅过精巢和卵巢的横切片、水螅的神经网装片、桃花水母、钩手水母、薮枝螅浸制标本、薮枝螅装片。

（2）钵水母纲：海月水母及海蜇浸制标本。

（3）珊瑚纲：海葵浸制标本和珊瑚。

（4）药品：2%醋酸或0.1%次甲基蓝。

（二）实验用品

显微镜、放大镜、载玻片、盖玻片、培养皿、解剖针、吸管等。

三、实验操作及观察

（一）观察水螅

1. 生活的水螅（Hydra）

（1）观察水螅的外形。用吸管吸出玻璃缸中培养的水螅，放在盛有清水的培养皿里，待水螅完全伸展后，用放大镜观察以下内容（可结合水螅的整体装片同时观察）：

①水螅的体型及对称形式。

②口、垂唇以及基盘的位置。

③触手的数目和排列形式。

④芽体的形态和着生部位。

（2）观察水螅的取食及对刺激的反应。

①对刺激的反应：用解剖针轻轻触动水螅的一条触手，观察它的反应。再稍用力触动一下，观察反应（怎样从构造上去理解这两种不同的反应现象？）。

②取食：往培养皿内放入一些生活的水蚤或剑水蚤，喂食饥饿的水螅（实验前二日停止喂食），仔细观察水螅如何取食。

（3）观察水螅的刺细胞。刺细胞是腔肠动物所特有的细胞，它遍布于体表，触手上特别多（想一想，为什么？），用吸管吸一水螅，带水滴在载玻片上，盖上盖玻片，在显微镜下观察，可见刺细胞，有以下几种（图3-1）。

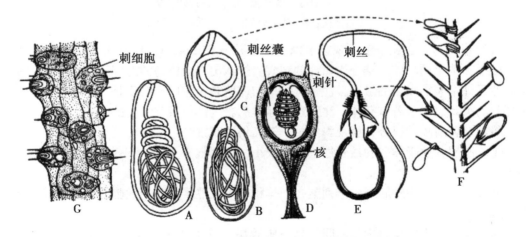

图3-1 水螅的刺细胞和刺丝囊（自江静波等）

A、B 黏性刺丝囊；C. 卷缠刺丝囊；D. 刺细胞（内含有穿刺刺丝囊）；E. 穿刺刺丝囊的刺丝向外翻出；F. 翻出的卷缠刺丝囊在甲壳动物的刺毛上；G. 触手的一段，示其上的刺细胞

①穿刺胞：最大，细胞略呈圆形或梨形，在细胞的顶端有一小刺，称刺针。细胞内

有一刺丝囊和刺丝，刺丝的基部有几个突起的短刺，此种刺细胞在穿刺时能放出毒液。

②卷刺胞：细胞呈梨形，刺丝粗短，在刺丝囊内只盘旋一圈。刺丝放出时，只有缠绕作用，不注射毒液。

③黏刺胞：细胞椭圆形，刺丝细长，螺旋状地盘绕在刺丝囊内，刺丝上一般有很多小刺，刺丝放出时能分泌黏液，起捕捉和麻醉食物的作用。

在盖玻片的一侧加一滴2%的醋酸（或次甲基蓝），观察在酸刺激下刺细胞放出刺丝的情况。

2. 水螅的切片

（1）横切片。在低倍镜下观察水螅的横切片（图3-2），要求认出组成体壁的外胚层、中胶层和内胚层以及消化循环腔。

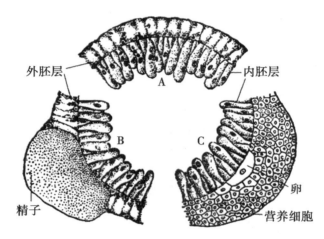

图3-2 水螅过生殖腺横切面（自江静波等）
A. 普通体壁；B. 精巢处切面；C. 卵巢处切面

（2）纵切片。在低倍镜下观察水螅的纵切片（图3-3），区别出水螅的口端和基盘，触手和消化循环腔。结合横切片的观察，辨认出组成体壁的外胚层、中胶层和内胚层。然后仔细观察纵切的触手，注意其结构与体壁是否相同，触手是否有腔，它与消化循环腔的关系怎样。若有芽体，注意观察芽体的着生部位及与母体的关系。

将体壁较清晰的部分移至视野中央，转高倍镜观察。

①外胚层：位于体壁的最外层，细胞较小，排列整齐，可见下列几种细胞（图3-4）。

外皮肌细胞：为外胚层中排列整齐、体积较大且数量最多的细胞，呈柱状，细胞核在细胞的中央。

间细胞：位于外皮肌细胞之间，靠近中胶层，较小（大小与皮肌细胞的核略等），近圆形，常三五成群堆在一起，是一种未分化的胚胎性细胞，可分化成刺细胞和生殖细胞等。

刺细胞：椭圆形，细胞中央有一个着色较深的圆形或椭圆形的刺丝囊（有些细胞刺丝囊着色较淡，略呈透明状），细胞核位于刺丝囊基部的细胞质中。

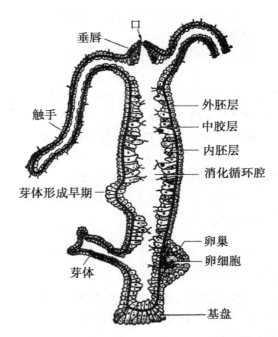

图 3 - 3　水螅的纵剖面（自武汉大学等）

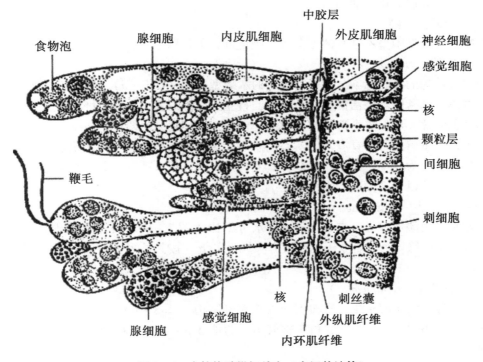

图 3 - 4　水螅体壁纵切放大（自江静波等）

腺细胞：以基盘和口周围最多，细胞呈长柱状，细胞核清晰，细胞质中有许多染色均匀的小颗粒（腺细胞的功能是什么？）。

②内胚层：位于体壁最内层，细胞较大，排列不整齐，可见以下几种细胞（图3－4）。

内皮肌细胞：细胞大而数量多，呈囊状，细胞核大而清晰，细胞质内含有许多染色较深的圆形食物泡，细胞游离端具鞭毛但不易看到（内皮肌细胞的功能是什么？）。

腺细胞：比皮肌细胞略小，游离缘含有细小的深色颗粒（其功能与外胚层中的腺细胞有何不同？）。

间细胞：它的形状和位置与外胚层中的间细胞相似。

③中胶层：在内外胚层之间，为一薄层非细胞结构的胶状物质，由内、外胚层细胞分泌，在体壁和触手都是连续的，起支持作用。

（二）示范标本

1. 水螅带精巢和卵巢装片

水螅一般为雌雄异体，注意观察精巢和卵巢的形状与着生部位，看看它们有何不同（精巢：呈圆锥状，近口端。卵巢：呈圆球形，近基盘）。

2. 水螅过精巢和卵巢横切片

观察水螅精巢和卵巢的结构，注意其特点（根据精巢和卵巢的发生部位，想一想它们是从哪个胚层分化来的？）。

3. 水螅的神经网

水螅的神经细胞呈不规则的多角体（彼此间是如何联系的？）。

4. 薮枝螅（*Obelia*）

观察薮枝螅的浸制标本，为一树枝状的水螅型群体（图3－5），生活于浅海，固着生活，群体基部营固着生活的部分为螅根，直立的茎为螅茎，茎上有许多分枝。结合薮枝螅的染色装片，可见整个群体外面由围鞘包围，螅茎上分出两种个体——水螅体与生殖体。水螅体垂唇显著，具有一圈实心的触手，螅体外被水螅鞘；生殖体无口及触手，外有生殖鞘，内为一中空的柱状子茎，其上有许多水母芽。观察水螅体和生殖体彼此如何连接，生殖体以什么方式产生水母芽。

5. 桃花水母（*Craspedacusta*）

桃花水母为淡水水母，有典型的水螅水母结构（图3－6）。体呈半球形，垂管长，辐管4条，生殖腺4个，着生于辐管下方，触手分级（按其长短可分3~7级），缘膜明显。

6. 钩手水母（*Gonionemus*）

钩手水母生活于海水中，有典型的水螅水母结构（图3－6）。体呈半球，垂管长，辐管4条，生殖腺4个，带状，位于辐管下，弯曲成3~5个囊状褶，触手不分级，缘膜明显。

7. 海月水母（*Aurelia aurita*）

在海水中营漂浮生活，体为白色透明的盘状，为大型钵水母（图3－7）。伞体的边

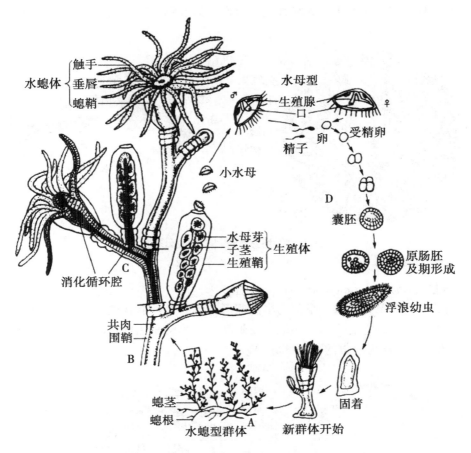

图 3-5　薮枝螅及其生活史（自刘凌云等）
A. 群体；B. 群体部分放大；C. 部分剖面观；D. 生活史

图 3-6　桃花水母和钩手水母（自刘凌云等）

缘有许多短而细的丝状触手和 8 个缺刻（感觉器官位于何处？）。口四角形，口腕大，4 条，生殖腺 4 个，马蹄形，分别位于 4 个胃囊的底部。消化循环腔复杂（与水螅水母有何不同？根据生殖腺的位置，想一想生殖腺来自哪个胚层？）。海月水母的生殖期为 7

月下旬到8月下旬，雄性生殖腺粉红色，雌性则为紫色，7—8月成群漂浮于海面。

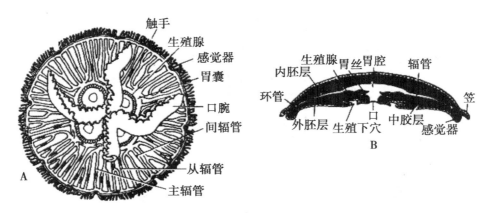

图3-7　海月水母（自刘凌云等）

A. 口面观；B. 剖面观

8. 海蜇（*Rhopilema esculentum*）

体明显分为伞部及腕部，伞部为半圆球形，伞缘无触手（图3-8）。口腕愈合，真正的口已封闭，口腕上有吸口、小触手及附器，中胶层发达且硬。海蜇为大型食用水母（食用的蜇头和蜇皮为海蜇的哪一部分？）。

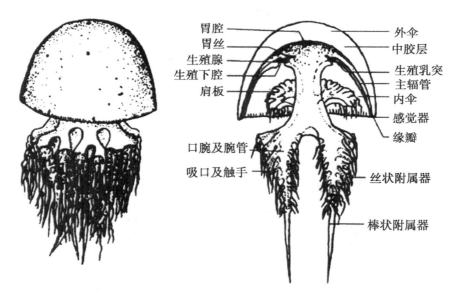

图3-8　海蜇（自刘凌云等）

9. 海葵（*Sagartia*）

体呈圆柱状，单体，无骨骼。固着生活，固着的一端稍膨大称基盘，另一端有口，呈裂缝状。口周围部分为口盘，其周围有数圈锥状触手（图3-9）。体内隔膜复杂，注意观察口道、口道沟、隔膜、隔膜丝、生殖腺等结构（根据生殖腺的着生部位，想一想其生殖腺来自哪个胚层？）。

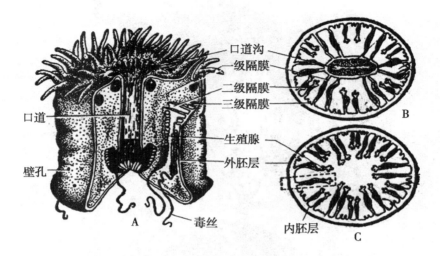

图 3 – 9　海葵的结构（自武汉大学等）
A. 部分体壁纵横切；B. 过口道横切；C. 过消化循环腔横切；D. 隔膜放大

10. 石芝（*Fungia*）与菊珊瑚（*Meandrina*）

为单体或群体，标本为其骨骼（图 3 – 10 I、J），骨骼生于螅体的基部，石灰质。

11. 红珊瑚（*Corallium*）

群体，红色的中轴骨骼呈树状（图 3 – 10），可做装饰品。

四、实验报告

（1）绘水螅纵切面图（详绘其中的一部分体壁，示各种细胞）。

（2）腔肠动物门的主要特征及各纲的主要区别是什么？

（3）比较钵水母与水螅水母的主要不同点。

图 3－10　珊瑚纲各目代表（自江静波等）

A. 海鸡冠；B. 笙珊瑚；C. 海鳃；D. 海仙人掌；E. 红珊瑚；F. 黑珊瑚；

G. 角海葵；H. 鹿角珊瑚；I. 菊珊瑚；J. 石芝；K. 角珊瑚

实验四　三角涡虫的外形及结构观察

继腔肠动物之后，动物界发展演化中重大关键性转折变化的主要标志是由水生过渡到陆生，由固着或漂浮生活过渡到自由爬行生活，并相应出现形态结构的一系列重大变化。扁形动物是一类三胚层、两侧对称、无体腔的蠕虫状动物。扁形动物开始出现了中胚层，这为动物体结构和功能的复杂化奠定了基础，使动物的体质对称形式由辐射对称变为两侧对称。与此相关联，身体结构出现了器官系统的初步分化，从而标志着动物界系统发育进入了一个崭新的阶段。

三角涡虫是扁形动物门中淡水生活的最为常见的一种蠕形动物，易采集和培养。其形态、结构等很好地反映了扁形动物的基本特征，而对其实验观察有助于理解扁形动物在动物进化上的意义。

一、目的和内容

（一）目的

（1）学习对低等蠕形动物进行采集、培养和观察的一般方法。
（2）通过对三角涡虫形态结构的观察，了解扁形动物及涡虫纲的基本特征。

（二）内容

（1）三角涡虫的采集和饲养。
（2）观察三角涡虫的形态结构。
（3）整体装片标本观察，了解其内部各系统器官构造。
（4）横切面玻片标本观察，了解其三胚层的体壁构造。

二、实验材料和用品

（一）实验材料的采集和饲养

1. 采集

三角涡虫通常生活在阴凉的溪水中，常隐蔽在水底的石块或树叶下。采集时，将水底的石块、树叶捞起翻转，找到涡虫用毛笔刷入烧杯或其他采集瓶中。

2. 饲养

培养缸放在阴凉处，加上泉水、井水或曝气 2～3d 的自来水，并放些石块或瓦片。水温最好控制在 22～26℃，每周投食 2 次，食料可用熟蛋黄、动物肝脏等，投喂半天后需取出剩余的食料，并调换新鲜的饲养水以保持缸内水质清洁。

（二）用具和药品

显微镜、解剖镜、放大镜、解剖针、镊子、毛笔、吸管、烧杯、培养缸、培养皿、载玻片、盖玻片、滤纸、吸水纸、擦镜纸、食盐、熟蛋黄、0.04% 醋酸、精密 pH 试纸。

三、实验操作及观察

（一）外形

体扁长，叶片状，全长 10～15mm。前端呈三角形，两侧各有一耳状突起，后端稍尖体背面微凸，灰褐色，前端有两个黑色眼点。腹面平坦，色较浅，口位于后方约 1/3 处中央，口向前为咽囊，囊内有肌肉性的咽，可自由从口伸出体外或缩入咽囊内，口的后方有一生殖孔，无肛门。体表（主要是腹面）密生纤毛。

（二）运动及其对刺激的反应

1. 运动

用毛笔从培养缸中选取活涡虫、置于培养皿内或载玻片上的水滴中，用放大镜或低倍显微镜观察涡虫是如何依靠体表纤毛和皮肤肌肉囊的伸缩做滑行运动的。置于水中，观察涡虫在水中腹面朝上做仰泳式游动。

2. 对刺激的反应

用镊子挡在涡虫前方，或在涡虫滑行前方放一小粒食盐，观察涡虫的反应及运动方向、方式的变化。用解剖针分别刺激涡虫的前、中、后不同部分，观察涡虫对刺激的反应。

3. 趋性

趋酸性观察：用吸管吸取涡虫置于培养皿中，将 1 滴 0.04% 醋酸溶液滴在含涡虫的水滴旁，并用滴管在两液滴间划建液桥，观察涡虫的运动，用 pH 试纸分别检测两液滴及涡虫留滞处的 pH 值，明确涡虫对酸的趋性反应。

趋光性观察：将数条涡虫放在盛水的培养皿中，待涡虫在培养皿中均匀分散分布时，用黑纸或书本盖住培养皿的一侧，置于光亮处，观察涡虫的反应及分布情况。

（三）内部结构

1. 消化系统

将饥饿数日的涡虫置于培养皿中，用煮熟的鸡蛋黄投喂，观察涡虫的取食行为及从口中伸出的咽。1～2h 后虫体内部显示黄色，取出涡虫置于载玻片上于低倍显微镜下观察涡虫肠管分支情况。肠分 3 支、一支向前，2 支向后，每支又分出许多盲状侧枝。

2. 排泄系统

将饥饿数日的涡虫置载玻片水滴中，待虫体伸展时加上盖玻片，用镊子柄轻压，均匀展开虫体，在低倍镜下观察可见虫体两侧一系列闪烁光亮分支，即原肾管末端焰细胞内鞭毛摆动所致。选取清晰处用高倍镜观察，可见到焰细胞中的纤毛束和原肾管的管腔。

3. 神经系统

低倍镜下观察示神经系统的涡虫整体装片，可见体前段有由 1 对神经节组成的脑及由此向后发出两条纵神经索，索间有许多横神经连接，呈梯形。

4. 生殖系统

雌雄同体。雄性：体两侧有许多小圆球形精巢，各经输精小管通入 1 对输精管，输精管在体中部膨大为储精囊，左右两储精囊相合成为肌肉质的阴茎，通入生殖腔，生殖腔以生殖孔与外界相通。雌性：体前端有椭圆形卵巢 1 对，各经输卵管向后行，沿途收集有许多分支状卵黄腺产生的卵黄，汇合成 1 条阴道后通入生殖腔。还有受精卵和圆形肌肉囊也分别通入生殖腔。

5. 横切面玻片标本的观察（图 4 – 1）

外胚层：体壁的最外层，形成单层柱状表皮细胞，间杂有条形杆状体和囊状、含深色颗粒的腺细胞，腹面的表皮细胞具纤毛。表皮细胞下层为非细胞构造的基膜。

中胚层：形成肌肉层和实质组织。基膜以内依次为环肌、斜肌和纵肌，它们与表皮合成体壁，即皮肤肌肉囊。背腹体壁间还有背腹肌联系。实质组织填充于体壁与消化道之间，呈网状，含有许多黄色小泡状构造的实质，故无体腔。

内胚层：形成单层柱状上皮组织。

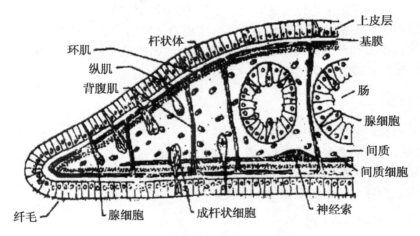

图 4 – 1 涡虫局部横切面模式图（自任淑仙）

四、实验报告

（1）绘制涡虫横切面图，并注明各部分的名称。

（2）与腔肠动物相比，扁形动物有哪些进步性特征？这些特征有何进步性意义？

（3）扁形动物的哪些特征为动物由水生进化到陆生奠定了基础？说明理由。

实验五　蛔虫和环毛蚓的比较解剖

　　无脊椎动物的系统发展经历了从单细胞到多细胞、从两胚层到三胚层、从无体腔到假体腔以及真体腔、从不分节到分节的一系列发展过程。假体腔动物（如蛔虫）首次形成了原始的体腔，出现了完全的消化管；而从环节动物（如环毛蚓）开始具有了比假体腔进步的真体腔，首次出现了循环系统。在动物进化上，从环节动物开始进入了高等无脊椎动物阶段。通过对蛔虫（假体腔动物）、环毛蚓（真体腔动物）的外部形态和内部结构比较观察，了解假体腔动物与真体腔动物在演化上的系统关系，并且明确动物各器官系统的结构和机能的相互联系。

一、目的和内容

（一）目的

　　（1）学习解剖蠕虫的一般方法。
　　（2）通过对蛔虫的形态结构的观察，了解假体腔动物的一般特征。
　　（3）通过对环毛蚓的形态结构的观察，了解真体腔动物的一般特征。
　　（4）通过蛔虫和环毛蚓的比较，了解真体腔动物的进步性特征，及动物形态、器官系统结构与机能的逐渐演化和发展。

（二）内容

　　（1）蛔虫和环毛蚓外形比较观察。
　　（2）蛔虫和环毛蚓浸制标本解剖。
　　（3）蛔虫和环毛蚓内部结构观察。
　　（4）蛔虫和环毛蚓横切面玻片标本观察。

二、实验材料和用品

　　猪蛔虫的浸制标本（实验前用水冲洗1周，去除福尔马林）、蛔虫横切面玻片标本，环毛蚓的浸制标本、环毛蚓横切面玻片标本。
　　显微镜、解剖镜、解剖剪、解剖刀、尖头镊子、蜡盘、双面刀片、载玻片、盖玻片、滴管、大头针等。

三、实验操作与观察

（一）外形的比较观察

用解剖镜或放大镜观察浸制标本，可见蛔虫的身体不分节但体表有横纹，环毛蚓的身体有明显的分节现象（这种分节属于同律分节，它在动物进化上有何重要意义？）。

1. 蛔虫的外形

体呈长圆柱形，向两端渐细。乳白色，侧线明显。雌虫：肛门在距体后端0.2cm的腹中线上，生殖孔在身体前端约1/3的腹中线上。雄虫：较细且短，尾端呈钩曲状，肛门和生殖孔合二为一，称为泄殖孔（图5-1）。

图5-1　人蛔虫（自刘凌云等）

2. 环毛蚓的外形

身体圆而细长，有许多相似的体节组成，节与节之间有节间沟。身体最前端为口前叶，即肌肉质的突起，有摄食、掘土和感觉功能。环带（生殖带）：性成熟时在第14、15、16节由表皮形成的隆肿状突起（环带有何功能？），环带上无刚毛和节间沟。颜色深暗的一面是背侧，除前几节外，背中线上每节间均有背孔。背孔能排出体腔液，湿润皮肤，以便于呼吸，减少摩擦，保护皮肤。颜色较浅的一面是腹面。观察腹面前部，在6/7、7/8、8/9节间沟的两侧有三对纳精囊孔。在环带的第1节即第14节腹面中央有一个雌性生殖孔，在第18节腹面两侧有一对雄性生殖孔（图5-2）。

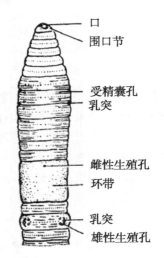

图5-2　环毛蚓前端腹面观
（自黄正一等）

（二）体壁和体腔的比较观察

在显微镜下观察2种动物的横切片，并对照其解剖标本比较它们的体壁和体腔，以及消化、排泄、生殖、循环、神经系统。

蛔虫的解剖　将蛔虫背部向上置蜡盘中，先用大头针固定其前后端，再用小剪刀从距虫体末端大约0.5cm处，沿背部略偏背中线、由后向前轻轻剖开体壁（注意：勿伤及内部器官）。然后用镊子把体壁向左右展开，把大头针倾斜45°、并以适当的间隔将虫体固定在蜡盘中，加入适量清水，使蛔虫的内脏浮在水中，仔细观察。

环毛蚓的解剖　将环毛蚓背部向上，平放在蜡盘中，前端用大头针固定。用解剖剪沿背中线略偏左处，由后向前轻轻剖开体壁（从肛门剪到口为止），剖开后用解剖刀将与体壁相连的隔膜小心分离，再将体壁左右分开，然后由前至后每隔5节用大头针倾斜45°插入蜡盘，将两侧体壁分别固定，再加入适量清水，仔细观察。

1. 蛔虫的体壁（图5-3）由角质膜、表皮层和肌肉层组成（各来自哪一胚层？）

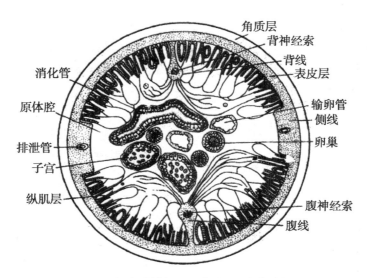

图5-3　蛔虫的横切面（雌虫）（自黄诗笺）

角质膜：最外层，厚而光滑，是一层非细胞结构。分为皮层、基质层、纤层。功能：保护身体，抵御寄主体内消化液的腐蚀。

表皮层：由上皮细胞组成的合胞体结构。在身体两侧和背、腹中央，上皮细胞层加厚形成侧线和背、腹线。功能：表皮层细胞能向外分泌物质形成角质膜。

肌肉层：为最里层，由单层纵肌构成。只有纵肌，每个纵肌细胞分为收缩部（靠近表皮层）和原生质（游离面）两部分（图5-4）。

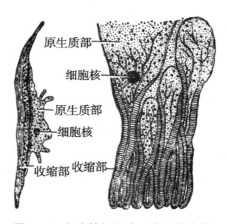

图5-4　蛔虫的肌细胞（自江静波等）
左：单一的肌细胞和肌纤维；右：部分肌纤维的横切面

2. 环毛蚓的体壁（图 5 – 5）

由角质膜、表皮层、肌肉层、体腔膜四部分组成（各来自哪一胚层？）。

角质膜：薄，由表皮细胞分泌而成。功能：保水，能防止身体在干燥环境中失水。

表皮层：由柱状上皮细胞组成，其间有腺细胞分布。功能为组成体壁的主体，分泌角质膜。腺细胞能分泌黏液，湿润体表。

肌肉层：外侧为薄的环肌，内侧为厚的纵肌，成束排列。

体腔膜：为一层扁平上皮细胞构成的体腔上皮。

原体腔（假体腔）是指在蛔虫肠与体壁之间的空腔，即内胚层与中胚层之间的空腔，腔内充满着生殖系统的各种器官。在生活时，腔内还充满着体腔液。

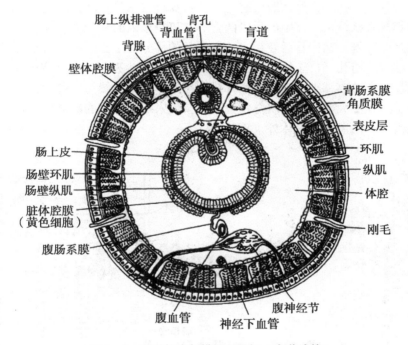

图 5 – 5　环毛蚓中部横切面图解（自黄诗笺）

真体腔是指在环毛蚓体壁与肠壁之间的空腔。在真体腔内，可观察到血管、神经节、肾管等构造。

3. 消化系统的比较观察

蛔虫的消化系统为由口、咽、肠、直肠及肛门组成的长扁形的消化管。口后接肌肉质的咽，咽后为扁管状肠，肠近后端为直肠，但二者界限不明显，肠末端为肛门。在横切片中，肠管为一扁圆形的管腔，管壁由单层柱状上皮细胞组成。

环毛蚓的消化系统由口、口腔、咽、食管、嗉囊、砂囊、胃、肠、盲肠和肛门组成。口位于第 1 ~ 3 节内，咽位于第 4 ~ 5 节内，梨形，肌肉发达。食管位于第 6 ~ 8 节内，细长形。嗉囊位于第 9 节前部，不明显。砂囊位于第 9 ~ 10 节，球形，囊壁富于肌肉，内衬一层较厚的角质膜，可磨碎食物。胃位于第 11 ~ 14 节，细长管状。自第 15 节向后均为肠，直通肛门。在第 26 节处，肠两侧向前伸出 1 对锥状的盲肠。在横切片中，肠壁层由脏体腔膜、纵肌层、环肌层和肠上皮所组成。

4. 排泄系统的比较观察

蛔虫的排泄器官由一个原肾细胞特化形成的"H"形管，2条纵排泄管位于侧线中；环毛蚓的排泄器官为后肾管。

5. 循环系统的比较观察

蛔虫无专门的循环系统（它是如何完成物质运输的？）。环毛蚓的循环系统主要由1条背血管、1条腹血管、2条食道侧血管、1条神经下血管和连接背腹血管的环血管即心脏组成（图5-6）。

6. 生殖系统的比较观察

蛔虫雌雄异体。在蛔虫假体腔内有一团曲折盘绕的细管，即为生殖管。雌虫的生殖器官为1条细长管状结构。体中部后段两管的游离端最细的部分为卵巢，逐渐加粗而半透明的一段是输卵管，输卵管后较粗大、呈白色的部分是子宫。两子宫汇合成一短的阴道，阴道末端的生殖孔开口于体前腹面1/3处。雄虫的生殖器官为1条细长管状结构。体中部近前端管的游离端细长而弯曲的部分为精巢，精巢延续为输精管，但二者界限不明显，输精管后是膨大较粗的管状储精囊，储精囊末端连细直的射精管，射精管进入直肠末端的泄殖腔，由泄殖孔通体外（图5-7）。

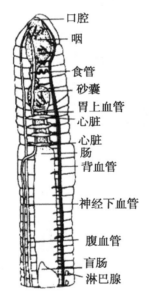

图5-6　湖北环毛蚓的循环
系统（自Grant）

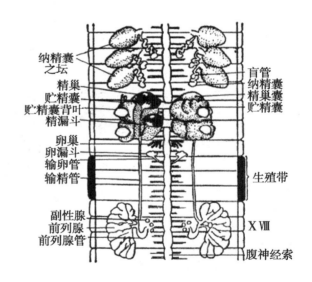

图5-7　环毛蚓的生殖系统
（自武汉大学等）

环毛蚓雌雄同体。雄性：精巢囊2对，位于第10、11节，贮精囊2对，位于11、12节内，紧接在精巢囊之后，呈分叶状，大而明显。输精管细线状，两侧的前后输精管各汇合成1条，向后通到第1节处，和前列腺管会合，由雄性生殖孔通出。前列腺1对，发达，呈大的分叶状，位于第18节及其前后几节内。雌性：卵巢1对，黄白色葡萄状，位于第13节前面，很小，需借助解剖镜观察，卵漏斗1对，位于第13节后面，后接短的输卵管（位于第14节），在第14节腹面中央两条输卵管汇合，由雌性生殖孔通体外。纳精囊3对，位于第7、8、9节腹面两侧，由坛、坛管、盲管组成，为贮存异体精子之处（图5-8）。

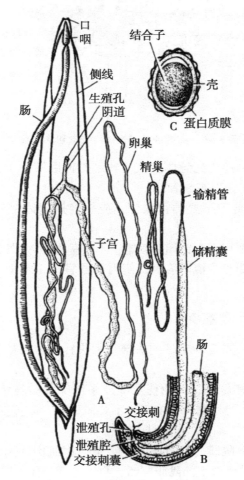

图5-8　蛔虫内部解剖（自江静波等）
A. 雌虫；B. 雄虫；C虫卵

7. 神经系统的比较观察

蛔虫的中枢神经系统由位于咽部的围咽神经环和由此向前向后发出的6条神经索组成。环毛蚓的中枢神经系统由脑、围咽神经、咽下神经节和位于腹面呈链状的腹神经索组成。用解剖针和镊子小心剥离环毛蚓口腔和咽周围的肌肉后观察（图5-9）。

附：实验操作注意事项

一、解剖蛔虫注意事项

（1）解剖蛔虫时要求从背面解剖，因此在解剖之前必须认真区分背腹面和前后端。

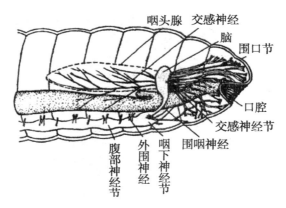

图 5 - 9　蚯蚓的神经系统（自武汉大学等）

（2）由于蛔虫的原体腔内充满体腔液，解剖时体腔液有可能会喷出，因此，剪开体壁时要小心，勿使标本正对观察者。

（3）解剖过程中，剪刀不要插得太深，应轻轻挑起体壁向前剪，以防伤及内部器官。

（4）剖开体壁后，要用大头针倾斜固定，不要垂直插入，以免影响观察。

（5）观察时，要在蜡盘中覆以清水，使内部器官浮于水中，这样不仅可以防止标本干燥，也利于观察。

二、解剖环毛蚓注意事项

（1）首先要用大头针固定环毛蚓的头部，大头针插入的部位应偏左或偏右，以免损伤咽上神经节。

（2）解剖时要从背侧解剖，以免伤及神经系统等紧贴腹壁的器官。剪开体壁时，剪刀尖端不能插得过深，要稍稍向上挑起，不要向下扎，以免损伤肠壁使食物（泥沙）溢出，影响观察。

（3）由于各体节间有隔膜，而且第 6～12 节隔膜肌肉特别发达，因此，剪开体壁以后，用解剖刀尖把连在体壁上的隔膜割断，再把剪开的体壁向左右分开，用大头针固定。切忌生拉硬扯，以免损坏内部器官而无法正常观察。

（4）观察蚯蚓的内部结构时，要覆以清水，这样既有利于观察，又不使标本干燥。

（5）用大头针固定蚯蚓体壁时，不要将大头针垂直插入体壁，而要向外倾斜45°插入，这样既不容易刺破体壁，又不影响视线，有利于观察。

三、实验报告

（1）根据实验观察列表比较蛔虫和环毛蚓在外形、体壁、消化管以及体腔内各内脏器官的异同点。

（2）根据对猪蛔虫和环毛蚓的比较观察，试述无脊椎动物在对称形式、分节现象、体腔、消化系统、排泄系统、循环系统、生殖系统、神经系统等方面的演化趋势。

实验六　河蚌的外形和内部构造

　　软体动物门是动物界第二个大类群，它们种类多、分布广，并随着生活方式的不同，其形态差异很大，但是它们的基本结构相同。身体柔软，不分节，可区分为头、足、内脏团 3 部分，体表被外套膜，常常分泌有贝壳。河蚌属于软体动物门的代表。

　　绝大多数软体动物朝着适应比较不活动的的生活方式发展，河蚌就是其中的代表。河蚌具坚硬的保护性贝壳、头部退化，以斧足为运动器官，借助穿行于体内的水流滤取食物和进行呼吸。河蚌是我国的习见种类，分布十分广泛，是一种易于采集且具有代表性的实验材料。

一、目的和内容

（一）目的

　　（1）学习解剖观察河蚌内部结构的技术。

　　（2）通过对河蚌外形及内部结构的观察，了解软体动物门的一般特征及其与生活方式相适应的特征。

（二）内容

　　（1）河蚌的采集与浸制标本的制作。

　　（2）河蚌的活体观察。

　　（3）河蚌的外形观察及解剖。

二、实验材料和用品

（一）实验材料的采集与标本制作

1. 采集

　　河蚌又称无齿蚌，是常见的淡水双壳纲动物，分布极广，多栖息于江河、湖泊、池沼、水田的底部，以其肉足掘于泥沙中，其后一半部露于泥沙外面。活体材料可用拖网、蚌耙、挖泥器等自水体底部泥沙中采集。

2. 河蚌浸制标本的制作

　　捞出的河蚌用清水冲洗干净，在清水中养几天，放入温水中并徐徐加热，水温达到 35℃ 左右时河蚌壳会张开，蚌足会慢慢地从壳缝中伸出，继续加热到 50℃，即可使河蚌完全麻醉。将经麻醉处理的河蚌用 50%～70% 的乙醇固定几天，最后用 10% 的福尔马林固定并保存。如个体较大，应从足部向内脏团注射固定液，以利保存。

（二）用具和药品

显微镜、解剖镜、放大镜、蜡盘、解剖器、水浴、玻璃缸、细沙、冰块、炭末、单胞藻、墨水、乙醇、10%福尔马林。．

三、实验操作及观察

（一）外形（图6-1）

壳左右两瓣，等大，近椭圆形，前端钝圆，后端稍尖；两壳铰合的一面为背面，分离的一面为腹面。观察贝壳左右的方位。以手拿贝壳，使壳顶向上，前端向前，后端朝向观察者，则右方为右壳，左方为左壳。

壳顶：壳背方隆起的部分。略偏向前端。

生长线：壳表面以壳顶为中心，与壳的腹面边缘相平行的弧线，可用来判断河蚌的年龄。

韧带：角质，黑褐色，具韧性，为左右两壳背方关联的部分。

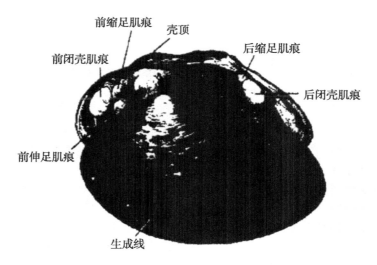

图6-1 河蚌的贝壳外形（自堵南山）

（二）运动

观察生活在培养缸中的河蚌运动（肉足伸缩）情形，震动培养缸或用镊子等轻轻触动，可见河蚌肉足收缩、紧闭双壳的情形。在玻璃培养缸底部放 20~30cm 厚的细沙，加入清水，将河蚌放在沙面上，再观察河蚌的运动。在沙面上无水、有少量水和有较深的水时，分别放入河蚌，观察比较。用幼蚌、成蚌等大小差异较大的个体做潜沙实验观察其运动。

（三）呼吸与摄食

在河蚌的后端以吸管轻轻注入数滴稀释的墨水，观察墨水被近腹侧的入水孔吸入并由近背方的出水孔排出的情形。在一小培养缸的水中加入一种单细胞藻类（或炭末等），混匀，随机取样，用血细胞计数板在显微镜下计数，计算出每毫升水中单胞藻的平均数量。放入一河蚌，当观察到河蚌正常伸出出水管后开始计时，20min后再取样，检查水中单胞藻的平均数量，计算单位时间内水中单胞藻的减少量，从而可得到河蚌鳃每分钟的滤水量。

（四）心搏

将活河蚌近壳顶围心腔处的贝壳磨掉，用镊子轻轻撕开此处的外套膜，使围心腔及心脏暴露出来，注意防止挑破心脏。观察心脏规律性的跳动，计算其跳动频率。将已去掉部分贝壳暴露出围心腔的河蚌放入水浴中，往水中加入冰块，使水温逐步下降，直到4℃左右。再逐步加热升温，每升高1~2℃记录一次心率，直到升高到47℃左右。另可将河蚌放入不同pH或溶解氧含量不同的水中观察心率的变化。

（五）内部结构（图6-2）

用解剖刀柄自两壳腹面中间合缝处平行插入，扭转刀柄，将壳稍撑开，然后插入镊子柄取代刀柄，替换出解剖刀，以其柄将一壳内表面紧贴贝壳的皮肤皱褶轻轻分离，再以刀紧贴贝壳切断在前后近背缘处的闭壳肌，便可揭开贝壳，进行下列观察。此项操作如有开壳器，则更容易、方便。

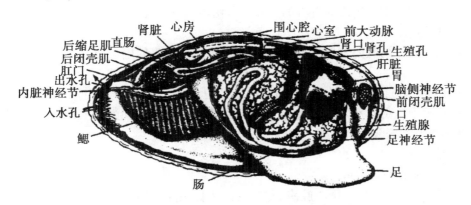

图6-2　河蚌内部解剖（自堵南山）

1. 外套膜和外套腔

平铺在两片壳内的薄而透明的薄膜片状结构即是外套膜。外套膜包被在柔软身体的左右两侧，其背面相连，腹面游离生活时左右两片外套膜相互紧贴所形成的空腔为外套腔。

2. 肌肉

（1）闭壳肌。体前、后端各一大型横向肌肉柱，在贝壳内面留有横断面痕迹。

（2）伸足肌。为紧贴前闭壳肌内侧腹方的一小束肌肉，可在贝壳内面见其断面痕迹。

（3）缩足肌。为前、后闭壳肌内侧背方的小束肌肉，可在贝壳内见其断面痕迹。

3. 入水管与出水管

外套膜的后缘部分合抱形成的两个短管状构造。腹方的为入水管，背方的为出水管。入水管壁具有感觉乳突。

4. 贝壳内面

观察取下左壳的内壳面，分别识别上述肌肉在贝壳附着处留下的痕迹：前后闭壳肌和缩足肌痕、伸足肌痕、水管附着肌痕和外套线（贝壳内面跨于前后闭壳肌痕之间。靠近贝壳腹面的弧形痕迹，是外套膜边缘附着留下的痕迹）。

5. 足

位于两外套膜之间，斧状，富有肌肉。

6. 呼吸系统

（1）瓣鳃。将外套膜向背方揭起，可见足与外套膜之间有两片瓣状的鳃，即鳃瓣。靠近外套膜的一片为外鳃瓣。靠近足部的一片为内鳃瓣。用剪刀从活河蚌上剪取一小片鳃瓣，置于显微镜下观察，看其表面纤毛的摆动情况。

（2）鳃小瓣。每一鳃瓣由两片鳃小瓣合成，外方的为外鳃小瓣，内侧的为内鳃小瓣，内、外鳃小瓣在腹缘及前、后缘彼此相连，中间则有瓣间隔把它们彼此分开。

（3）瓣间隔。为连接两鳃小瓣的垂直隔膜，把鳃小瓣之间的空腔分隔成许多鳃水管。

（4）鳃丝。鳃小瓣上许多背腹纵向的细丝。

（5）丝间隔。鳃丝间相连的部分。其间分布有许多鳃小孔，水由此进入鳃水管。

（6）鳃上腔。鳃小瓣之间背方的空腔，水由鳃水管经鳃上腔向后至出水管排出。

7. 循环系统

（1）围心腔。内脏团背侧，贝壳铰合部附近有一透明的围心膜，其内的空腔为围心腔。

（2）心脏。位丁围心腔内，由1心室、2心耳组成。

（3）动脉干。由心室发出的血管，沿肠的背方向前直走者为前大动脉；沿直肠腹面向后走者为后大动脉。

8. 排泄系统

由肾脏和围心腔腺组成。

（1）肾脏。1对，位于围心腔腹面左、右两侧，由肾体及膀胱构成。沿着鳃的上缘剪除外套膜及鳃，即可见到。

（2）围心腔腺（凯伯尔氏器）。位于围心腔前端两侧，分支状，略呈黄褐色，又称为肾外排泄组织。

9. 生殖系统

雌雄异体（但外形两者无异）。

生殖腺均位于内脏团内，肠的周围。除去内脏团的外表组织，可见白色的腺体（精巢）或黄色腺体（卵巢）。位于内脏团内，左右两侧生殖腺各以生殖孔开口于内鳃瓣的鳃上腔内，排泄孔的下方。

10. 消化系统

小心剖开内脏团，依次观察下列器官。

（1）口。位于前闭壳肌腹面，横裂缝状，口两侧各有 2 片内外排列的三角形触唇。

（2）食管。口后的短管。

（3）胃。食管后膨大部分。

（4）肝脏。胃周围的淡黄色腺体，有管开口于胃中。

（5）肠。胃后的细长管状部分，盘曲折行于内脏团内。试找出其走向。

（6）直肠。位于内脏团背方，从心室中央穿过，最后以肛门开口于后闭壳肌背后方、出水管的附近。

11. 神经系统

不发达，主要由 3 对分散的神经节组成，其间有神经索相连。

（1）脑神经节。位于食管两侧，前闭壳肌与伸足肌之间，用尖头镊子小心撕去该处少许结缔组织，并轻轻掀起伸足肌，即可见到淡黄色的神经节。

（2）足神经节。埋于足部肌肉的前 1/3 处，紧贴内脏团下方中央。用解剖刀在此处作一"十"字形切口，逐层耐心地剥除肌肉，在内脏团下方边缘仔细寻找，并用棉花吸去渗出液，即可见到两足神经节并列于其内。

（3）脏神经节。蝴蝶状紧贴于后闭壳肌下方，用尖头镊子将表面的一层组织膜撕去，即可见到。

沿着 3 对神经节发出的神经，仔细地剥离周围组织，在脑、足神经节，脑、脏神经节之间可见有神经连接。

四、实验报告

（1）绘制取掉左壳和左外套膜的河蚌内部构造图。

（2）通过对河蚌外形及内部结构的观察，简述软体动物门的一般特征及其与生活方式相适应的特征。

实验七　螯虾（或日本沼虾）和棉蝗的比较

复杂多变的环境使节肢动物进化成为动物界中种类最多、数量最大、分布最广的类群。甲壳类和昆虫分别是节肢动物中适应水生生活和陆生生活的两大类群，其代表动物螯虾（或日本沼虾）和棉蝗的比较，不仅能充分反映动物体的结构适应于其功能，动物体结构和机能的演变与环境的密切联系，而且能说明动物各器官系统在演变过程中的相关性及动物体的整体性。而宏观上的进化发展又启发人们从多个角度乃至分子水平上去探讨动物进化的机理。

一、目的和内容

（一）目的

通过实验了解节肢动物高度发展与广泛适应性的主要特征；甲壳类适应水生生活的主要特征；昆虫适应陆生生活的主要特征；通过螯虾与棉蝗的比较解剖，进一步认识动物体结构适应于其机能，动物与环境的统一及动物的整体性；学习虾类和一些昆虫的一般解剖方法。

（二）内容

（1）螯虾（或日本沼虾）的外形观察和内部解剖。
（2）棉蝗的外形观察和内部解剖。
（3）螯虾（或日本沼虾）和棉蝗的比较解剖。

二、实验材料和用品

雌、雄螯虾（或日本沼虾）和雌、雄棉蝗的新鲜浸制标本。

显微镜，放大镜，解剖器具，解剖盘，载玻片，盖玻片，培养皿，甘油，0.1%亚甲基蓝，清水。

三、实验操作与观察

两人1组，每人以1种材料为主进行操作，两人配合，边操作边交互观察比较。

（一）螯虾（或日本沼虾）的外形观察和内部解剖

将浸制标本用清水冲洗、浸泡，除去药液后放解剖盘内进行以下实验。

1. 外形

鳌虾身体分头胸部和腹部，体表被以坚硬的几丁质外骨骼，深红色或红黄色，随年龄而不同。

（1）头胸部。由头部（6节）与胸部（8节）愈合而成，外被头胸甲，头胸甲约占体长的一半。头胸甲前部中央有一背腹扁的三角形突起，称额剑，其边缘有锯齿（日本沼虾的额剑侧扁、上下缘具齿）。头胸甲的近中部有一弧形横沟，称颈沟，为头部和胸部的分界线。颈沟以后，头胸甲两侧部分称鳃盖。鳃盖下方与体壁分离形成鳃腔。额剑两侧各有一个可自由转动的眼柄，其上着生复眼。用刀片将复眼削下一薄片，置载玻片上加甘油制成封片，于显微镜下观察其形状与构造。

（2）腹部。鳌虾的腹部短而背腹扁（日本沼虾的腹部长而侧扁），体节明显为6节，其后还有尾节。各节的外骨骼可分为背面的背板、腹面的腹板及两侧下垂的侧板。观察体节间如何连接。尾节扁平，腹面正中有一纵裂缝，为肛门。

（3）附肢。除第1体节和尾节无附肢外，鳌虾共19对附肢，即每体节1对。除第1对触角是单枝型外，其他都是双枝型，但随着生部位和功能的不同而有不同的形态结构。

观察时，左手持虾，使其腹面向上。首先注意各附肢着生位置，然后右手持镊子，由身体后部向前依次将虾左侧附肢摘下，并按原来顺序排列在解剖盘或硬纸片上。摘取附肢时，用镊子钳住其基部，垂直拔下。如附肢粗大，可用剪刀剪开其基部与体壁的连接后再拔下，但要注意附肢的完整性，又不损伤内部器官。再用放大镜自前向后依次观察（图7-1）。

①头部附肢：共5对。

小触角　位于额剑下方，原肢3节，末端有2根短须状触鞭（日本沼虾小触角基部外缘有一明显的刺柄，外鞭内侧尚有一短小的附鞭），触角基部背面有一凹陷容纳眼柄，凹陷内侧丛毛中有平衡囊。

大触角　位于眼柄下方，原肢2节，基节的基部腹面有排泄孔。外肢呈片状，内肢成一细长的触鞭。

大颚　原肢坚硬，形成咀嚼器，分为扁而边缘有小齿的门齿部和齿面有小突起的臼齿部。内肢形成很小的大颚须，外肢消失。

小颚　2对，原肢2节，薄片状，内缘具毛（日本沼虾原肢内缘具刺）。第1对小颚内肢呈小片状，外肢退化；第2对小颚内肢细小，外肢宽大叶片状，称颚舟叶。

②胸部附肢：共8对，原肢均2节。

颚足　3对。第1对颚足外肢基部大，末端细长，内肢细小。外肢基部有一薄片状肢鳃，第2、3对颚足内肢发达，分5节（日本沼虾第3对颚足内肢分3节），屈指状，外肢细长。足基部都有羽状的鳃。3对颚足和头部附肢大颚、小颚参与虾口器的形成。

步足　5对，内肢发达，分5节，即座节、长节、腕节、掌节和指节，外肢退化。前3对末端呈钳状，第1对步足的钳特别强大，称鳌足。其余2对步足末端呈爪状（日本沼虾前2对步足末端为钳状，其中第2对特别大，尤其是雄虾）。试分析各步足的功能。雄虾的第5对步足基部内侧各有1雄生殖孔，雌虾的第3对步足基部内侧各有1雌生殖孔。注意各足基部鳃的着生情况。

③腹部附肢（腹肢）：共6对，第1~5对称腹肢，第6对称尾肢（或尾足）。

腹肢　共6对。第1~5对称腹肢，前5对为游泳足，第6对称尾肢（或尾足）。原肢2节。前2对腹肢，雌雄有别。雄虾第1对腹肢变成管状交接器，雌虾的退化，雌虾第2对腹肢细小，外肢退化（日本沼虾第1对腹肢的外肢大，内肢很短小，第2对腹肢的内肢有一短小棒状内附肢，雄虾在内附肢内侧有一指状突起的雄性附肢）。第3、4、5对腹肢形状相同，内、外肢细长而扁平，密生刚毛（日本沼虾的内、外肢呈片状，内肢具内附肢）。

尾肢　1对。内外肢特别宽阔，呈片状，外肢比内肢大，有横沟分成2节（日本沼虾外肢外缘有1小刺）。尾肢与尾节构成尾扇。

2. 内部结构

（1）呼吸器官。用剪刀剪去螯虾头胸甲的右侧鳃盖，即可看到呼吸器官鳃。结合已摘下的左侧附肢上鳃的着生情况，在原位用镊子稍作分离，并同时观察鳃腔内着生在第2对颚足至第4对步足基部的足鳃、体壁与附肢间关节膜上的关节鳃和着生在第1对颚足基部的肢鳃（日本沼虾第1、2对颚足各有1个肢鳃，自第2对颚足至第5对步足各有1个足鳃，共9对鳃）。

观察完呼吸系统后，用镊子从头胸甲后缘至额剑处，仔细地将头胸甲与其下面的器官剥离开，再用剪刀从头胸甲前部两侧到额剑后剪开并移去头胸甲。然后用剪刀自前向后，沿腹部两侧背板与侧板交界处剪开腹甲，再用镊子略掀起背板，观察肌肉附着于外骨骼内的情况，最后小心地剥离背板和肌肉的联系，移去背板。

（2）肌肉。呈束状并往往成对分布。用眼科镊取少许肌肉，参照实验一制片，置显微镜下观察。

（3）循环系统。为开管式，主要观察心脏和动脉。

①心脏：位于头胸部后端背侧的围心窦内，为半透明、多角形的肌肉囊。用镊子轻轻撕开围心膜即可见到。用放大镜观察，在心脏的背面、前侧面和腹面，各有1对心孔。也可在看完血管后，将心脏取下置于培养皿内的水中，再在放大镜下观察。

②动脉：细且透明。用镊子轻轻提起心脏，可见心脏发出7条血管。由心脏前行的动脉有5条，即：由心脏前端发出1条眼动脉；在眼动脉基部两侧发出1对触角动脉；在触角动脉外侧发出1对肝动脉；由心脏后端发出1条腹上动脉，在腹部背面，沿后肠（1条贯穿整个腹部的略粗的管道）背方后行到腹部末端。

在胸腹交接处，腹上动脉基部，由心脏发出1条弯向胸部腹面的胸直动脉。剪去第4、5对步足处胸部左侧壁，用镊子将该处腹面肌肉轻轻向背方掀起，即可见到胸直动脉通到腹面，到达神经索腹后，再向前后分为2支。向前的1支为胸下动脉，向后的1支为腹下动脉。

（4）生殖系统。虾为雌雄异体。摘除心脏，即可见到虾的生殖腺。

①雄性：精巢1对，位于围心窦腹面，白色，呈3叶状，前部分离为2叶，后部合并为1片。每侧精巢发出1条细长的输精管，其末端开口位于第5对步足基部内侧的雄生殖孔。

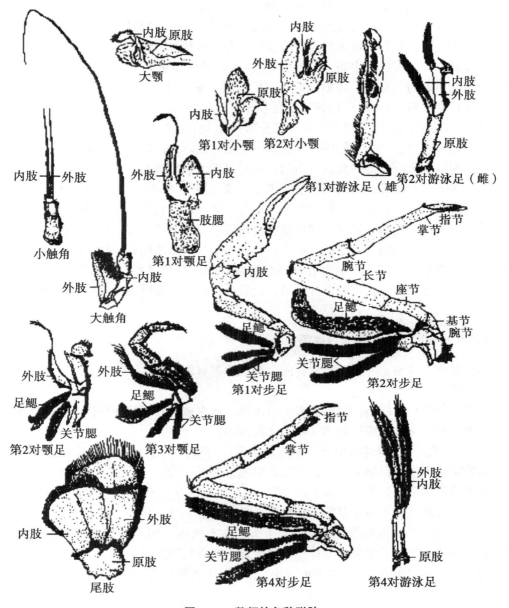

图 7 - 1 螯虾的各种附肢

②雌性：卵巢 1 对，位于围心窦腹面，性成熟时为淡红色或淡绿色，浸制标本呈褐色。颗粒状，也分 3 叶，前部 2 叶，后部 1 叶，其大小随发育时期不同而有很大差别。卵巢向两侧腹面发出 1 对短小的输卵管，其末端开口位于第 3 对步足基部内侧的雌生殖孔。在第 4、5 对步足间的腹甲上，有一椭圆形突起，中有一纵行开口，内为空囊，即受精囊。

（5）消化系统。用镊子轻轻移去生殖腺，可见其下方左右两侧各有 1 团淡黄色腺体，即为肝脏。剪去一侧肝脏，可见肠管前接囊状的胃。胃可分为位于体前端的壁薄的贲门胃（透过胃壁可看到胃内有深色食物）和其后较小、壁略厚的幽门胃。剪开胃壁，观察贲门胃内由 3 个钙齿组成的胃磨及幽门胃内刚毛着生的情况。

用镊子轻轻提起胃，可见贲门胃前腹方连有一短管，即食管，食管前端连接由口器包围的口腔。幽门胃后接中肠，中肠很短，1 对肝脏即位于其两侧，各以一肝管与之相通。中肠之后即为贯穿整个腹部的后肠，后肠位于腹上动脉腹方，略粗（透过肠壁可见内有深色食物残渣），以肛门开口于尾节腹面。

（6）排泄系统。剪去胃和肝脏，在头部腹面大触角基部外骨骼内方，可见到 1 团扁圆形腺体即触角腺，为成虾的排泄器官。生活时呈绿色，故又称绿腺，浸制标本常为乳白色。它以宽大而壁薄的膀胱伸出的短管开口于大触角基部腹面的排泄孔。

（7）神经系统。除保留食管外，将其他内脏器官和肌肉全部除去，小心地沿中线剪开胸部底壁，便可看到身体腹面正中线处有 1 条白色索状物，即为虾的腹神经链。它由两条神经干愈合而成。用镊子在食管左右两侧小心地剥离，可找到 1 对白色的围食管神经。沿围食管神经向头端寻找，可见在食管之上，两眼之间有一较大白色块状物，为食管上神经节或脑神经节。围食管神经绕到食管腹面与腹神经链连接处有一大白色结节，为食管下神经节。自食管下神经节，沿腹神经链向后端剥离，可见链上还有多个白色神经节。

（二）棉蝗的外形观察和内部解剖

将浸制标本用清水冲洗、浸泡，除去药液后置解剖盘内。

1. 外形

棉蝗一般体呈青绿色，浸制标本呈黄褐色。体表被有几丁质外骨骼。身体可明显分为头、胸、腹 3 部分。雌雄异体，雄虫比雌虫小。

（1）头部。位于身体最前端，卵圆形，其外骨骼愈合成一坚硬的头壳。头壳的正前方为略呈梯形的额，额下连一长方形的唇基。额的上方为头顶，头的两侧部分为颊，头顶和颊之后为后头。头部具有下列器官：

①眼：棉蝗具有 1 对复眼和 3 个单眼。

复眼　椭圆形，棕褐色，较大，位于头顶左右两侧。用刀片自复眼表面切下一薄片，置载玻片上，加甘油制成封片，于显微镜下观察复眼组成。

单眼　形小，黄色。1 个在额的中央，2 个分别在两复眼内侧上方。3 个单眼排成 1 个倒"品"字形。

②触角：1 对，位于额上部两复眼内侧，细长呈丝状，由柄节、梗节及鞭节组成，鞭节又分许多亚节（图 7-2）。

③口器：典型的咀嚼式口器。左手持蝗虫，使其腹面向上，拇、食指将其头部夹稳，右手持镊子自前向后将口器各部分取下，摘取方法同螯虾（同时注意观察口器各部分着生的位置），依次放在载玻片上，用放大镜观察其构造。

上唇　1 片，连于唇基下方，覆盖着大颚，可活动。上唇略呈长方形，其弧状下缘中央有一缺刻，外表面硬化，内表面柔软。

大颚　为 1 对坚硬棕黑色的几丁质块，位于颊的下方，口的左右两侧被上唇覆盖。

两大颚相对的一面有齿，下部的齿长而尖，为切齿部，上部的齿粗糙宽大，为臼齿部。

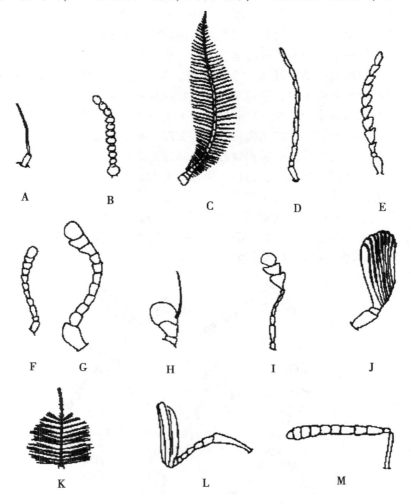

图7-2　昆虫的各种触角

　　小颚　1对，位于大颚后方，下唇前方。小颚基部分为轴节和茎节，轴节连于头壳，其前端与茎节相连。茎节端部着生2个活动的薄片，外侧的呈匙状，为外颚叶；内侧的较硬，端部具齿，为内颚叶。茎节中部外侧还有1根细长具5节的小颚须。

　　下唇　1片，位于小颚后方，成为口器的底板。下唇的基部称为后颏，后颏又分为前后2个骨片，后部的称亚颏，与头部相连；前部的称颏，颏前端连接能活动的前颏。前颏端部有1对瓣状的唇舌，两侧各有1对具3节的下唇须。

　　舌　位于大、小颚之间，为口前腔中央的1个近椭圆形的囊状物，表面有毛和细刺。

　　（2）胸部。头部后方为胸部，胸部由3节组成，由前向后依次称前胸、中胸和后胸。每胸节各有1对足，中、后胸背面各有1对翅。

　　①外骨骼：为坚硬的几丁质骨板，背部的称背板，腹面的称腹板，两侧的称侧板。

　　背板　前胸背板发达，从两侧向下扩展成马鞍形，几乎盖住整个侧板，后缘中央伸至中胸的背面。其背面有 3 条横缝线向两侧下伸至两侧中部，背面中央隆起呈屋脊状；中、后胸背板较小，被两翅覆盖。用剪刀沿前胸背板第 3 横缝线剪去背板后部，将两翅拨向两侧，即可见中、后胸背板略呈长方形，表面有沟，将骨板划分为几块骨片。

　　腹板　前胸腹板在两足间有一囊状突起，向后弯曲，指向中胸腹板，称前胸腹板突；中、后胸腹板合成 1 块，但明显可分。每腹板表面有沟，可将骨板分成若干骨片。

　　侧板　前胸侧板位于背板下方前端，为 1 个三角形小骨片，中、后胸侧板发达，其表面均有 1 条斜行的侧沟，将侧板分为前后 2 部。胸部有 2 对气门，1 对在前胸与中胸侧板间的薄膜上，另 1 对在中后胸侧板间足基部的薄膜上。

　　②附肢：胸部各节依次着生前足、中足和后足各 1 对。前、中足较小，为步行足；后足强大，为跳跃足。各足均由基节、转节、腿节、胫节、跗节、前跗节等 6 肢节构成。胫节后缘有 2 行细刺，末端还有数枚距，注意刺的排列形状与数目。跗节又分 3 节，第 1 节较长，有 3 个假分节；第 2 节很短，第 3 节较长。跗节腹面有 4 个跗垫。前跗节为 1 对爪，两爪间有一中垫。如图 7－3。

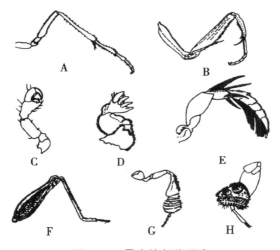

图 7－3　昆虫的各种附肢

　　③翅：2 对。有暗色斑纹，各翅贯穿翅脉。前翅着生于中胸，革质，形长而狭，休息时覆盖在背上，称为覆翅；后翅着生于后胸，休息时折叠而藏于覆翅下。将后翅展开，可见它宽大，膜质。薄而透明，翅脉明显，注意观察其脉相。

　　（3）腹部。与胸部直接相连，由 11 个体节组成。

　　①外骨骼：几丁质外骨骼较柔软，只由背板和腹板组成，侧板退化为连接背、腹板的侧膜。雌、雄蝗虫第 1～8 腹节形态构造相似，在背板两侧下缘前方各有 1 个气门。在第 1 腹节气门后方各有 1 大而梢椭圆形的膜状结构，称听器。第 9、10 两节背板较狭，且相互愈合。第 11 节背板形成背面三角形的肛上板，盖着肛门。第 10 节背板的后缘、肛上板的左右两侧有 1 对小突起，即尾须。雄虫的尾须比雌虫的大。两尾须下各有 1 个一角形的肛侧板。腹部末端还有外生殖器。

②外生殖器：

雌虫的产卵器　雌虫第9、第10节无腹板，第8节腹板特长，其后缘的剑状突起称导卵突起。导卵突起后有1对尖形的产卵腹瓣（下产卵瓣）。在背侧肛侧板后也有1对尖形的产卵瓣，为产卵背瓣（上产卵瓣）。产卵背瓣和腹瓣构成产卵器。

雄虫的交配器　雄虫第9节腹板发达。向后延长并向上翘起形成匙状的下生殖板。将下生殖板向下压，可见内有一突起，即阴茎。

2. 内部解剖

左手持蝗虫，使其背部向上，右手持剪剪去翅和足。再从腹部末端尾须处开始，自后向前沿气门上方将左右两侧体壁剪开，剪至前胸背板前缘。再在虫体前后端两侧体壁已剪开的裂缝之间，剪开头部与前胸间的颈膜和腹部末端的背板。注意剪开体壁时，剪刀尖向上翘，以免损伤内脏。将蝗虫背面向上置解剖盘中，用解剖针自前向后小心地将背壁与其下方的内部器官分离开，最后用镊子将完整的背壁取下。依次观察下列器官系统。

（1）循环系统。为开管式。观察取下的背壁，可见腹部背壁内面中央线上有1条半透明的细长管状构造，即为心脏。心脏按节有若干略膨大的部分，为心室。心脏前端连1细管，即大动脉。心脏两侧有扇形的翼状肌。

（2）呼吸系统。自气门向体内，可见许多白色分枝的小管分布于内脏器官和肌肉中，即为气管。在内脏背面两侧还有许多膨大的气囊。注意观察气囊有何作用。用镊子撕取胸部肌肉少许，或剪取一段气管，放在载玻片上，加水制成水封片，置显微镜下观察，即可看到许多小管，其管壁内膜有几丁质螺旋纹。注意观察并思考螺旋纹有何作用，昆虫所需氧气如何输送到组织细胞，为什么说昆虫的气管是动物界的一种高效呼吸器官。

（3）生殖系统。棉蝗为雌雄异体异形，实验时可互换不同性别的标本进行观察。

①雄性生殖器官：

精巢　位于腹部消化管的背方，1对，左右相连成一长椭圆形结构。仔细观察，可见由许多小管即精巢管组成。

输精管和射精管　精巢腹面两侧向后伸出1对输精管，分离周围组织可看到。2管绕到消化管腹方汇合成1条射精管，射精管穿过下生殖板，开口于阴茎末端。

副性腺和贮精囊　射精管前端两侧，有一些迂曲细管，即副性腺。仔细将副性腺的细管拨散开，还可看到1对贮精囊，通入射精管基部。观察时可将消化管末段向背方略挑起，以便寻找，但勿将消化管撕断。

②雌性生殖器官：

卵巢　位于腹部消化管的背方，1对，由许多自中线斜向后方排列的卵巢管组成。

卵萼和输卵管　卵巢两侧有1对略粗的纵行管，各卵巢管与之相连，此即卵萼，是产卵时暂时贮存卵粒的地方。卵萼后为输卵管。沿输卵管走向分离周围组织，并将消化管末段向背方略挑起，可见两条输卵管在身体后端绕到消化管腹方，汇合成1条总输卵管，经生殖腔开口于产卵腹瓣之间的生殖孔。

受精囊　自生殖腔背方伸出一弯曲小管，其末端形成一椭圆形囊，即受精囊。

副性腺　为卵萼前端的一弯曲的管状腺体。

（4）消化系统。消化管可分为前肠、中肠和后肠。前肠之前有由口器包围而成的口前腔。口前腔之后是口。用镊子移去精巢或卵巢后进行观察。

前肠　自咽至胃盲囊。包括口后一短肌肉质咽，咽后的食道，食道后膨大囊状的嗉囊，嗉囊后略细的前胃。

中肠　又称胃，在与前胃交界处有 12 个呈指状突起的胃盲囊，6 个伸向前，6 个伸向后。

后肠　包括与胃连接的回肠，回肠之后较细小、弯曲的结肠和结肠后部较膨大的直肠。直肠末端开口于肛门，肛门在肛上板之下。

唾液腺　1 对，位于胸部嗉囊腹面两侧，色淡。葡萄状，有 1 对导管前行，汇合后通入口前腔。

（5）排泄器官。为马氏管、着生在中、后肠交界处。将虫体浸入培养皿内的水中，用放大镜观察，可见马氏管是许多细长的盲管，分布于血体腔中。注意比较螯虾和棉蝗的排泄器官有何不同。

（6）神经系统。用剪刀剪开两复眼间头壳，剪去头顶和后面的头壳，但保留复眼和触角。再用镊子小心地除去头壳内的肌肉，即可见到以下部分：

脑　位于两复眼之间，为淡黄色块状物。

围食道神经　为脑向后发出的 1 对神经，到食道两侧。用镊子将消化管前端轻轻挑起，可见围食道神经绕过食道后，各与食道下神经相连。除留小段食道外，将消化管除去，再除去腹隔和胸部肌肉，然后观察腹神经链。腹神经链为胸部和腹部腹板中央线处的白色神经索，它由 2 股组成。在一定部位合并成神经节，并发出神经通向其他器官。

四、实验报告

（1）甲壳类具有哪些适应水生生活的形态结构和生理特征？
（2）昆虫具有哪些适应陆生生活的形态结构和生理特征？
（3）初步说明节肢动物为什么能成为动物界种类最多、分布最广的一类动物。
（4）说明动物体的结构适应于其机能以及动物体的整体性。
（5）试述节肢动物附肢的多样性与其生活环境及生活方式的联系。

实验八　文昌鱼切片的观察

原索动物包括头索动物和尾索动物，是脊索动物中最低等的类群。头索动物终生具有发达的脊索、背神经管和咽鳃裂，无头鱼形，又称大头类。文昌鱼作为头索动物的代表，终生保留脊索动物的三大特征，可以看做是典型脊索动物的简化缩影，是非常理想的实验材料。

一、目的和内容

（一）目的

（1）通过对文昌鱼的观察，了解脊索动物们的主要特征，了解脊索动物与无脊椎动物的主要区别。

（2）学习文昌鱼的观察方法。

（二）内容

（1）观察文昌鱼的外部形态和内部结构。

（2）文昌鱼切片的观察。

二、实验材料和用品

文昌鱼的浸制标本、文昌鱼的整体染色装片和过咽部横切片。

解剖器、解剖盘、放大镜、解剖镜、显微镜、培养皿。

三、实验操作及观察

用镊子拨动文昌鱼浸制标本时，动作要轻，以免损伤标本。文昌鱼整体装片较厚、宜在低倍显微镜下观察。如需用高倍镜、则在升降镜头调焦距时，注意勿使物镜头压毁标本片。

（一）外形

取一尾浸制标本，置盛水的培养皿内，用放大镜或解剖镜观察。

1. 体形

文昌鱼身体半透明。左右侧扁，两端尖出，长梭状，形似小鱼，但无头与躯干之分。身体前端腹面有触须。体前部约2/3段，背面较窄，腹面宽。

2. 肌肉

透过皮肤可见身体两侧的肌肉，其肌节呈"＜"形排列。两肌节之间较透明的部分为肌隔。

3. 生殖腺

成熟的文昌鱼标本，透过皮肤可见身体两侧肌节腹方，各有一列方形结构，即生殖腺，雄性生殖腺呈乳白色，雌性生殖腺呈淡黄色。

4. 鳍和腹褶

观察文昌鱼背侧，沿背中线有一纵行低矮的皮肤褶，为背鳍，背鳍向后沿尾部边缘扩展成为尾鳍。转动标本使腹面向上，可见尾鳍在腹面向前延伸到体后 1/3 处，此为肛前鳍。肛前鳍前方，身体腹面两侧有 1 对纵行皮肤褶，即为腹褶。

5. 腹孔和肛门

在腹褶和肛前鳍交界处有一孔，即腹孔或围鳃腔孔。在尾鳍与肛前鳍交界处偏左侧的一小孔，为肛门（图 8 – 1）。

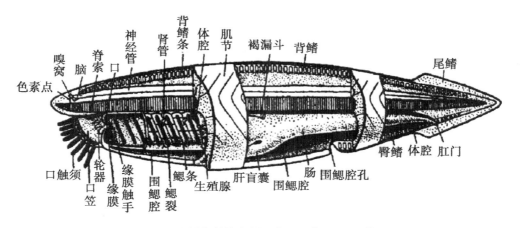

图 8 – 1　文昌鱼整体左侧示意图（自 Parker 等）

（二）整体装片观察

取一文昌鱼整体染色装片，置解剖镜或低倍显微镜下分辨其前后端和背腹面，观察其肌节、肌隔、腹褶及生殖腺后，再观察以下结构。

1. 鳍

背鳍内有一列短棒状结构为鳍条，尾鳍呈矢状，臀前鳍内有两排鳍条。

2. 背神经管

位于背鳍下方，为纵贯全身的一条管状结构。管的两侧有一系列黑色斑点，称脑眼，有感光作用。在管的前段还有一个大于脑眼的色素点，称为眼点，但无视觉作用。

3. 脊索

为位于神经管腹面、消化管背方的一条纵贯全身的棒状结构。左右移动装片观察，可见脊索纵贯身体全长，前端可达口笠背方身体最前端。

4. 触须、轮器与缘膜触手

口笠边缘成排的须状突起，为触须。前庭底部内壁伸出的由纤毛构成的数条染色较深的指状突起，为轮器；底壁为一环形膜，称缘膜，缘膜中央的孔为文昌鱼的口；口周围有许多短突起，为缘膜触手。但在整体装片上所看到的缘膜为垂直状，其中央的口也看不到，而要通过缘膜触手的位置来加以判断。

5. 咽与围鳃腔

移动装片，观察口后方有宽大的咽，咽侧许多染色深的背腹方向斜行的棒状物为鳃隔，两鳃隔之间的空隙为鳃裂。咽外部被一大腔环绕，此腔为围鳃腔。鳃裂开口于围鳃腔，围鳃腔以腹孔与外界相通。

6. 肠与肝盲囊

为咽后的一条直管，前端较粗大，后部渐细，末端以肛门开口于身体左侧。在肠管前部腹面向前右方伸出一盲囊，称肝盲囊。肝盲囊后部的肠管，有一段染色深的区域，称回结环，是消化作用最活跃的部位。

7. 肌节与肌隔

肌节的横断面呈方圆形，位于身体的背部和两侧，背部的较厚，近腹侧渐薄。肌节之间有肌隔分开。

（三）过咽部横切片观察（图 8 – 2）

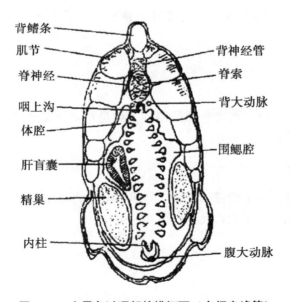

左侧标注（从上到下）：背鳍条、肌节、脊神经、咽上沟、体腔、肝盲囊、精巢、内柱

右侧标注（从上到下）：背神经管、脊索、背大动脉、围鳃腔、腹大动脉

图 8 – 2　文昌鱼过咽部的横切面（自杨安峰等）

取经过咽部的横切面切片，在低倍显微镜下观察。

1. 皮肤

由表皮和真皮组成。表皮位于身体最外层，由单层柱状上皮细胞组成。真皮为表皮之下极薄的一层胶状物质。

2. 背鳍

为背中央的突起部分，内有卵圆形的鳍条切面。

3. 肌节

肌节的横断面呈方圆形，位于身体的背部和两侧，背部的较厚，近腹侧渐薄。肌节之间有肌隔分开。

4. 背神经管

位于背侧鳍条腹方，背部左右肌节之间，其横断面呈卵圆形或梯形，管中央的孔为神经管腔。文昌鱼的神经管腔并未完全封合，背中线留有裂隙。

5. 脊索

位于神经管腹方，横断面呈卵圆形，较粗大，其周围有较厚的脊索鞘，脊索鞘向背方延伸包围了神经管。

6. 咽

为脊索腹方呈长椭圆形的一个大腔。咽壁染色深的部分为鳃隔，因鳃隔呈斜行排列，所以在横切面上可见到许多鳃隔。两鳃隔之间的空隙即鳃裂。咽的背中线处有一深槽，为咽上沟，腹中线处也有一深槽，为内柱（咽下沟）。

7. 围鳃腔

为围绕咽部的空腔。

8. 体腔

横切面上能见到的体腔仅为围鳃腔背方两侧各一不规则的空腔及内柱下的狭小空腔。

9. 肝盲囊

位于咽的右侧，为一卵圆形的中空结构。

10. 生殖腺

位于围鳃腔两侧，形大而着色深的结构。如是精巢则呈条纹状，如是卵巢则呈块状，细胞核大而明显。

四、实验报告

（1）绘制文昌鱼过咽部的横切面图，注明各结构的名称。

（2）试述脊索动物与无脊椎动物的主要区别。

实验九　鲤鱼（鲫鱼）的外形和内部解剖

　　鱼类是典型的水生变温脊椎动物，具有一系列与水生环境相适的形态特征和生理特性，体表被有鳞片、用鳃呼吸、以鳍作为运动和平衡器官、凭上下颌摄食，对这些结构的解剖和观察，有助于理解生物体结构与功能、生物与环境相适应的这一自然界的一般规律。鱼类是脊椎动物中完全适应水生生活、种类最多、数量最大的类群，与人类生活有着密切的关系。

　　鲤鱼和鲫鱼是日常生活中最为常见的鲤科淡水鱼类，形态结构非常典型，均可作为鱼纲的代表动物。

一、目的和内容

（一）目的

　　（1）通过对鲤鱼（鲫鱼）的结构观察，了解硬骨鱼类的主要特征以及鱼类适应于水生生活的形态结构。

　　（2）学习硬骨鱼内部解剖的基本操作方法。

（二）内容

　　（1）观察鲤鱼（鲫鱼）的外部形态。

　　（2）观察鲤鱼（鲫鱼）的内部结构。

二、实验材料和用品

　　活鲤鱼（鲫鱼），鲤鱼（鲫鱼）整体和分散骨骼标本。

　　体视显微镜、放大镜、解剖器、解剖盘、载玻片、棉花、牙签、刷子、培养皿、玻璃缸、直尺、胶布。

三、实验操作及观察

（一）观察游泳行为

　　取活鲤鱼（鲫鱼）置于玻璃缸中，观察记录鳍的摆动角度、频率及鱼游泳所处水层。

（二）外形

鲤鱼（鲫鱼）体呈纺锤形，略侧扁，背部灰黑色，腹部近白色，身体可区分为头，躯干和尾 3 部分。

1. 头部

自吻端至鳃盖骨后缘为头部。口位于头部前端（口端位），口两侧各有 2 个触须（鲫鱼无触须），司感觉功能。吻背面有鼻孔 1 对，将鬃毛从鼻孔探入，试探鼻孔通口腔吗？它参与呼吸过程吗？每侧的鼻孔由皮膜隔开而成前后两个鼻孔，前鼻孔为进水孔，后鼻孔为出水孔，用解剖针探查鼻腔底部，看鼻腔与口腔是否相通。眼 1 对，位于头部两侧，形大而圆，无能活动的眼睑和瞬膜，无泪腺。眼后头部两侧为宽扁的鳃盖，鳃盖后缘有膜状的鳃盖膜，借此覆盖鳃孔。

2. 躯干部和尾部

自鳃盖后缘至肛门为躯干部，自肛门至尾鳍基部最后一枚椎骨为尾部。躯干部和尾部体表被以覆瓦状排列的圆鳞，鳞外覆有一薄层表皮及湿滑的黏液层。躯体两侧从鳃盖后缘到尾部，各有 1 条由鳞片上的小孔排列成的点线结构，此即侧线，被侧线孔穿过的鳞片称侧线鳞。体背和腹侧有鳍，背鳍 1 个，较长，约为躯干的 3/4；臀鳍 1 个，较短；尾鳍末端凹入分成上下相称的两叶，为正尾型；胸鳍 1 对、位于鳃盖后方左右两侧；腹鳍 1 对，位于胸鳍之后，肛门之前，属腹鳍腹位。肛门紧靠臀鳍起点基部前方，紧接肛门后有 1 泄殖孔。

（三）硬骨鱼的一般测量和常用术语

全长：指自吻端至尾鳍末端的长度。

体长：指自吻端至尾鳍基部的长度。

体高：指躯干部最高处的垂直高。

躯干长：指由鳃盖骨后缘到肛门的长度。

尾柄长：指臀鳍基部后端至尾鳍基部的长度。

尾柄高：指尾柄最低处的垂直高。

尾长：指由肛门至尾鳍基部的长度。

头长：指由吻端到鳃盖骨后缘（不包括鳃盖膜）的长度。

吻长：指由上颌前端至眼前缘的长度。

眼径：指眼的最大直径。

眼间距：指两眼间的直线距离。

眼后头长：指眼后缘至鳃盖骨后缘的长度。

鳞式的表达式：侧线鳞数（侧线上鳞数/侧线下鳞数）。

侧线鳞数：指从鳃盖后方直达尾部的一条侧线鳞的数目。

侧线上鳞数：指从背鳍起点斜列到侧线鳞的鳞数。

侧线下鳞数：指从臀鳍起点斜列到侧线鳞的鳞数。

鳍：由鳍条和鳍棘组成。鳍条柔软而分节，末端分支的为分支鳍条。末端不分支的为不分支鳍条。鳍棘坚硬，不分节，由左右两半组成的鳍棘为假棘，不能分为左右两半鳍棘为真棘。

鳍式：用 D 代表背鳍，A 代表臀鳍，C 代表尾鳍，P 代表胸鳍，V 代表腹鳍。用罗马数字表示鳍棘数目，用阿拉伯数字表示鳍条数目。鳍式中的半字线代表鳍棘与鳍条相连，逗号表示分离，罗马字或阿拉伯字中间的"～"表示范围。

观察后，对以上结构进行测量和数据的记录。

（四）年轮的观察

生长的周期性是鱼类生长的一个特点。鱼类在一年中通常在春、夏季生长很快，进入秋季生长开始转慢，冬季甚至停止生长。这种周期性不平衡的生长，也同样反映在鱼的鳞片或骨片上，具体就是指鳞片表面形成的一圈一圈的环纹，有较宽的"夏轮"和较窄的"冬轮"。这种反映在鳞片或骨片上的周期性变化可作为鱼年龄鉴定的基础。目前常用来做年龄鉴定的材料有鳞片、脊椎骨、鳃盖骨、鳍条、耳石等，这里着重介绍鳞片的年轮及鉴定年龄的方法。

各种鱼类鳞片形成环纹的具体情况不同，因而年轮特征也不同，大多数鲤科鱼类的年轮属切割型。这类鱼鳞片的环纹在同一生长周期中的排列都是互相平行的，但与前后相邻的生长周期所形成的排列环纹具不平行现象，即切割现象，这就是 1 个年轮。

1. 摘取鳞片

选择 1 尾鲜活、体表完整无伤的鲤鱼（鲫鱼），取鱼体侧线和背鳍前半部之间的鳞片（摘取时用镊子夹住鳞片的后缘，不要伤及前缘）。

2. 清洗

立即将鳞片放入盛有温水的培养皿中，用刷子轻轻洗去污物，再用清水冲洗干净。

3. 装片

自然晾干后，将鳞片夹在两块载玻片中间，用胶布固定玻片两端。

4. 观察

先用肉眼观察，鳞片在外观上可分为前、后两部分，前部埋入真皮内，后部露在真皮外并覆盖住后一鳞片的前部。比较前、后两部分的范围和色泽有何差别。将载玻片置于体视显微镜下，先用低倍镜观察鳞片的轮廓。前部是形成年轮的区域，亦称为顶区。上下侧称为侧区。在透明的前部，可见到清晰的环片轮纹，它们以前、后部交汇的鳞焦为圆心平行排列。将鳞片顶区和侧区的交接处移至视野中，换较高倍数镜头仔细观察，可见某些彼此平行的数行环片轮纹被鳞片前部的环片轮纹割断，这就是 1 个年轮。如果是较大的个体，在鳞片上相应会存在数个年轮。依据年轮出现的数目，推算出该鱼的年龄。

（五）内部结构（图 9-1）

将新鲜鲤鱼（鲫鱼）置解剖盘，使其腹部向上，用剪刀在肛门前与体轴垂直方向剪一小口，将剪刀尖插入切口，沿腹中线向前经腹鳍中间至下颌，使鱼侧卧，左侧向上，自肛门前的开口向背方剪到脊柱，沿脊柱下方剪至鳃盖后缘，再沿鳃盖后缘剪至下

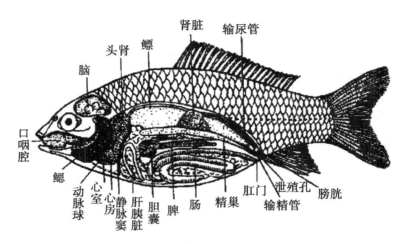

图9-1 鲤鱼的左侧面观内部结构（自黄诗笺等）

颌，除去左侧体壁肌肉，使心脏和内脏暴露。用棉花拭净器官周围的血迹及组织液，置入解剖盘内观察。

注意：剪开体壁时剪刀尖不要插入太深，而应向上翘，以免损伤内脏；移去左侧体壁肌肉前，用镊子将体腔腹膜与体壁剥离开，以不致损坏覆盖在前后鳔室之间的肾脏和紧靠头后部的头肾。

1. 原位观察

腹腔前方，最后一对鳃弓后腹方一小腔，为围心腔，它借横隔与腹腔分开。心脏位于围心腔内。在腹腔里，脊柱腹方是白色囊状的鳔，覆盖在前、后鳔室之间的三角形暗红色组织，为肾脏的一部分。鳔的腹方是长形的生殖腺，雄性为乳白色的精巢，雌性为黄色的卵巢。腹腔腹侧盘曲的管道为肠管，在肠管之间的肠系膜上，有暗红色、散漫状分布的肝胰脏。在肠管和肝胰脏之间一细长红褐色器官为脾脏。

2. 循环系统

主要观察心脏。心脏位于两侧鳍之间的围心腔内，由1心室，1心房和静脉窦等组成。

心室：位于围心腔中央处，淡红色，其前端有一白色厚壁的圆锥形小球体，为动脉球。自动脉球向前发出1条较粗大的血管，为腹大动脉。

心房：位于心室的背侧，暗红色，薄囊状。

静脉窦：位于心房后端，暗红色，壁很薄，不易观察。

以上观察毕，将剪刀伸入口腔，剪开口角，并沿眼后缘将鳃盖剪去，以暴露口腔和鳃。

3. 口腔与咽

口腔：口腔由上、下颌包围合成，颌无齿，口腔背壁由厚的肌肉组成，表面有黏膜，腔底后半部有一不能活动的三角形舌。

咽：口腔之后为咽部，其左右两侧有5对鳃裂，相邻鳃裂间有鳃弓，共5对。第5对鳃弓特化成咽骨，其内侧着生咽齿。咽齿与咽背面的基枕骨腹面角质垫相对，两者能夹碎食物。

4. 鳃

鳃是鱼类的呼吸器官。鲤鱼（鲫鱼）的鳃由鳃弓、鳃耙、鳃片组成，鳃间隔退化。

鳃弓：位于鳃盖之内，咽的两侧，共5对。每鳃弓内缘凹面生有鳃耙；第1~4对鳃弓外缘并排长有2个鳃片，第5对鳃弓没有鳃片。

鳃耙：为鳃弓内缘凹面上成行的三角形突起，第1~4鳃弓各有2行鳃耙，左右互生，第1鳃弓的外侧鳃耙较长。第5鳃弓只有1行鳃耙。鳃耙有何功能？

鳃片：薄片状，鲜活时呈红色。每个鳃片称半鳃。长在同一鳃弓上的两个半鳃合称全鳃。剪下一个全鳃，放在盛有少量水的培养皿内，置解剖镜下观察。可见每一鳃片由许多鳃丝组成，每一鳃丝两侧又有许多突起状的鳃小片，鳃小片上分布着丰富的毛细血管，是气体交换的场所。横切鳃弓，可见2个鳃片之间退化的鳃隔。

5. 消化系统

包括口腔、咽、食管、肠和肛门组成的消化管及肝胰脏和胆囊。此处主要观察食管、肠、肛门和胆囊。用钝头镊子将盘曲的肠管展开。

食管：肠管最前端接于食管，食管很短，其背面有鳔管通入，并以此为食管和肠的分界点。

肠：为体长的2~3倍。肠的长度与食性有何相关性？肠的前2/3为小肠，后部较细的为大肠。最后一部分为直肠，直肠以肛门开口于臀鳍基部前方。

胆囊：为一暗绿色的椭圆形囊，位于肠管前部右侧，大部分埋在肝胰脏内，以胆管通入肠前部。

6. 鳔

位于腹腔消化管背方的银白色胶质囊，一直伸展到腹腔后端，分前后两室。后室前端腹面发出细长的鳔管，通入食管背壁。

观察毕，移去鳔，以便观察排泄系统。

7. 排泄系统

包括1对肾脏、1对输尿管和1个膀胱。

肾脏：紧贴于腹腔背壁正中线两侧，为红褐色狭长形器官，在鳔的前、后室相接处，肾脏扩大或其最宽处。每肾的前端向前侧面扩展，体积增大，为头肾，是拟淋巴腺。

输尿管：每肾最宽处各通出一细管，即输尿管，沿腹腔背壁后行，在近末端处两管汇合通入膀胱。

膀胱：两输尿管后端汇合后稍扩大形成的囊即为膀胱，其末端稍细开口于泄殖窦。

8. 生殖系统

由生殖腺和生殖导管组成。

生殖腺：生殖腺外包有极薄的膜。雄性有精巢1对，性成熟时纯白色，呈扁长囊状；性未成熟时往往呈淡红色，常左右不匀称且有裂隙。雌性有卵巢1对，性未成熟时为淡橙黄色长带状；性成熟时呈微黄红色，长囊形，几乎充满整个腹腔，内有许多小形卵粒。

生殖导管：为生殖腺表面的膜向后延伸的细管，即输精管或输卵管。很短，左右两管后端合并，通入泄殖窦，泄殖窦以泄殖孔开口于体外。

9. 神经系统

主要观察脑的结构。从两眼眶下剪，沿体长轴方向剪开头部背面骨骼，再在两纵切口的两端间横剪，小心地移去头部背面骨骼用棉球吸去银色发亮的脑脊液，脑便显露出来。

端脑：由嗅脑和大脑组成。大脑分左右两个半球，各呈小球状位于脑的前端，其顶端各伸出 1 条棒状的嗅柄，嗅柄末端为椭圆形的嗅球，嗅柄和嗅球构成嗅脑。

中脑：位于端脑之后，覆盖在间脑背面。较大，受小脑瓣所挤而偏向两侧，各成半月形突起，又称视叶。

间脑：从脑背面看不到间脑本体，仅在大脑和中脑之间的中央可见到从间脑背面发出的脑上腺（松果体）。用镊子轻轻托起端脑向后掀起，可见在中脑位置的颅骨有一个陷窝，内有一白色近圆形小颗粒，即为脑垂体。

小脑：位于中脑后方，为一圆球形体，表面光滑，前方伸出小脑瓣突入中脑。

延脑：是脑的最后部分，由 1 个面叶和 1 对迷走叶组成。面叶居中，其前部被小脑遮蔽，只能见到其后部，迷走叶较大，左右成对，在小脑的后两侧。延脑后部变窄，连脊髓。

（六）骨骼标本观察

取鲤鱼（鲫鱼）整体和分散的骨骼标本，观察头骨、脊柱和附肢骨骼。

1. 头骨

头骨的前端背方有一凹陷的鼻腔，两侧中央有眼眶。可分为脑颅和咽颅两大部分观察。

（1）脑颅。骨片数目字很多，由前向后可分成 4 个区来观察。

鼻区：位于最前端、环绕着鼻囊的区域。构成骨片主要有：中筛骨 1 块，位于前端中央，略呈三角形，侧筛骨 1 对，位于中筛骨后外侧，呈不规则三角形，尖端向后，中筛骨前面还有 1 块前筛骨。

蝶区：紧接鼻区之后，环绕眼眶四周。构成骨片主要有：组成眼眶内侧壁的翼蝶骨和位于其前方、略成长方形的眶蝶骨，以及脑颅侧面围绕眼眶四周的 6 块围眶骨。

耳区：前接蝶区，围绕耳囊四周。主要骨片有蝶耳骨 1 对，位于额骨后外侧；翼耳骨 1 对，位于顶骨两侧，长形而不规则；上耳骨 1 对，为位于顶骨后方的斗笠状小骨。

枕区：脑颅的最后部分。由围绕枕骨大孔的 4 块骨片组成，包括位于头骨后端中央的 1 块上枕骨，其背中央伸出较高的棘状突；在上枕骨腹外侧，枕骨大孔两侧的 1 对外枕骨；和位于脑颅腹面后端正中的 1 块基枕骨，其腹面有近似盾状的凹面，与角质垫紧贴。

脑颅的背面观：自前向后依次有鼻骨 1 对，位于前筛骨两侧；额骨 1 对，接于中筛骨之后，略成长方形，及额骨后面的 1 对顶骨等（图 9 - 2）。

脑颅的腹面观：由前向后有犁骨 1 块，略成"Y"形；副蝶骨 1 块，为细长骨片，构成脑匣的底壁。

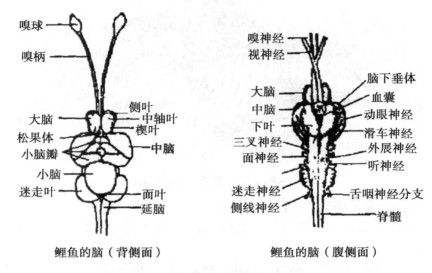

图 9 – 2 鲤鱼的脑（自秉志等）

（2）咽颅。位于脑颅下方，环绕消化管的最前端，由左右对称并分节的骨片组成，包括颌弓、舌弓、鳃弓以及鳃盖骨系。

颌弓：为构成上、下颌的骨片，上颌部分有位于上颌最前方的 1 对前颌骨，前颌骨后方的 1 对略弯曲的颌骨，以及颌骨后方的翼骨和近三角形的方骨等。下颌部分由齿骨、关节骨和隅骨构成。齿骨为下颌前缘的棒形骨，其后端向上伸出。连接颌骨，关节骨位于齿骨后方，形状不规则，与方骨相关节，隅骨与关节骨相合，不易分开。

舌弓：位于颌弓后边，观察前鳃盖骨的内侧，可见有 1 扁平剑状骨片，构成眼窝的后壁，此为舌颌骨。舌颌骨的背端与脑颅侧面的凹陷相关节，腹端通过小块续骨与方骨相连，舌颌骨与其腹方一系列各块组成舌弓。借腹中央的基舌骨支持舌。

鳃弓：支持鳃的骨片。观察鳃弓标本，鲤鱼（鲫鱼）具 5 对鳃弓。第 1 鳃弓从背到腹依次分为咽鳃、上鳃、角鳃、下鳃和基鳃等 5 个骨段。第 5 鳃弓特化为咽骨，其内缘有 3 列咽齿，鲫鱼仅 1 列咽齿。

鳃盖骨系：位于头骨后部两侧，每侧由 4 块鳃盖骨和 3 枚鳃条骨组成。

2. 脊柱和肋骨（图 9 – 3）

脊柱由一系列脊椎骨组成，分躯椎和尾椎两部分。

（1）躯椎和肋骨。取第 5 躯椎以后的 1 枚椎骨观察其结构，由下列几部分组成：

椎体：椎骨中央部分，其前后面凹入，为双凹型椎骨。

椎弓：椎体背面呈弓形的部分。

椎棘：椎弓背中央向后斜的突起。

椎体横突：椎体两侧的突起为横突。

关节突：椎弓基部前方有 1 对尖形小突起，称前关节突，椎体后方也有 1 对突起，称后关节突。相邻两椎骨的前、后关节突相关节。

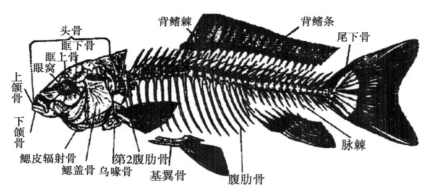

图 9 – 3　鲫鱼的骨骼（自姜乃澄）

椎孔：椎体与椎弓间的孔，有脊髓穿过。

肋骨：从第 5～20 躯椎有长条形的肋骨，每一肋骨背端与该躯椎横突相关节，腹端游离。肋骨有何作用？

（2）尾椎。尾椎有椎体、椎弓、髓棘、关节突外，椎体横突向腹面突出左右合成脉弓，脉弓中间的孔内有尾动、静脉穿过，脉弓的腹中央有 1 条延伸向后斜的脉棘。最后 1 枚尾椎骨向后上方斜仰为尾杆骨。

3. 附肢骨骼

包括带骨和鳍骨。

（1）肩带和胸鳍支鳍骨。肩带略成弓形，与头骨连接，由 6 块骨组成。

匙骨：位于鳃盖骨后下方，是 1 枚大形扁阔而前背段翘起的骨片。

上匙骨：连于匙骨背段的 1 条棒状骨，肩带通过上匙骨与头骨相连。

乌缘骨：位于匙骨腹前方，骨上有 1 孔。

肩胛骨：为乌缘骨和匙骨之间的 1 块小骨，呈不规则三角形，其上有 1 孔。

中乌缘骨：为跨在肩胛骨和乌缘骨之间的 1 块马鞍形小骨。

后匙骨：位于匙骨后内侧，为一略呈"S"形的细长棒状形骨，其背端稍扩大而扁，与匙骨相连。

胸鳍支鳍骨：胸鳍内的支鳍骨为 4 枚短扁的鳍担骨，4 骨相连呈一薄骨片，但未愈合，前端与乌缘骨、肩胛骨相连，后端一胸鳍条相连。

（2）腰带和腹鳍支鳍骨。腰带由一横列的坐骨、腹鳍骨和无名骨构成，无名骨前端分叉，左右两骨在中间相连。腹鳍的支鳍骨仅有 1 对细小的基鳍骨接于无名骨内侧。无名骨直接和腹鳍条连接。

（3）奇鳍骨。背鳍和臀鳍的鳍条中，前 3 个鳍条形成刚硬的鳍棘，前 2 棘短小，第 1 棘尤小，第 3 棘特别强大，其后缘有锯齿。每一鳍条有 1 鳍担骨支持，鳍担骨基部扩展成侧扁的楔形骨片，插入脊柱的髓棘之间（背鳍）或脉棘之间（臀鳍）。

尾鳍内，尾杆骨及其前 2 个椎骨的髓棘变形而成扁而阔的骨片作为支鳍骨，直接连接鳍条。

四、实验报告

（1）记录鱼体外形测量的各项数据。

（2）绘制鲤鱼（鲫鱼）的内部解剖图，注明各器官名称。

（3）总结硬骨鱼类的主要特征，以及鱼类适应水中生活的形态结构特征。

实验十　青蛙（蟾蜍）的外形及内部解剖

两栖动物是一类在个体发育中经历幼体水生和成体水陆兼栖的变温脊椎动物，是由水生转变到陆生的过渡类群。由水生到陆生，在脊椎动物演化史上是一个巨大的飞跃。两栖类代表动物青蛙的形态结构和生理机能明显地反映了两栖类对陆生的初步适应性和不完善性。

一、目的和内容

（一）目的

（1）学会两栖动物的解剖方法。

（2）通过对青蛙（蟾蜍）外形内部结构的观察，了解两栖类在结构和功能上所表现出的初步适应性和不完善性。

（二）内容

（1）观察青蛙（蟾蜍）的外形。

（2）观察青蛙（蟾蜍）的运动、捕食和呼吸。

（3）观察青蛙（蟾蜍）的内部结构。

二、实验材料和用品

活青蛙（蟾蜍），青蛙皮肤切片、青蛙（蟾蜍）整体和散装的骨骼标本、血管注射解剖标本。

显微镜、解剖盘、解剖器、玻璃箱、烧杯、广口瓶、直尺、脱脂棉、乙醚等。

三、实验操作及观察

（一）外形

将活青蛙（蟾蜍）静伏于解剖盘内，观察其身体，可分为头，躯干和四肢3部分。颈部不明显，鼓膜后缘是头与躯干的分界。

1. 头部

青蛙（蟾蜍）头部扁平，略呈三角形，吻端稍尖。口宽大，横裂，由上下颌组成。上颌背侧前端有1对外鼻孔，外鼻孔外缘具鼻瓣，观察鼻瓣如何运动，思考鼻瓣的运动与口腔底部的动作有何关系。眼大而突出，位于头的左右两侧，具上、下眼睑，下眼睑内侧有一半透明的瞬膜。两眼后各有一圆形鼓膜（蟾蜍的鼓膜较小。在眼和鼓膜的后上方有 1 对椭圆形隆起称耳后腺，即毒腺）。雄蛙口角内后方各有一浅褐色膜襞为声囊，鸣叫时鼓成泡状（蟾蜍无此结构）。

2. 躯干部

鼓膜之后为躯干部。蛙的躯干部短而宽。躯干后端两腿之间，偏背侧有一小孔，为泄殖腔孔。

3. 四肢

前肢短小，由上臂、前臂、腕、掌、指 5 部分组成 4 指，指间无蹼。生殖季节雄蛙（蟾蜍）第一指基部内侧有一膨大突起，称婚瘤，为抱对之用。后肢长而发达，分为股、胫、跗、跖、趾 5 部。5 趾，趾间有蹼。在第一趾内侧有一较硬的角质化的距。

4. 皮肤

青蛙背面皮肤粗糙，背中央常有一条窄而色浅的纵纹，两侧各有一条色浅的背侧褶。背面皮肤颜色变异较大，有黄绿、深绿、灰棕色等，并有不规则黑斑。腹面皮肤光滑，白色（蟾蜍体表极粗糙，有大小不等的圆形瘰疣。背面皮肤暗黑色，体侧和腹部浅黄色，间有黑色花纹）。用手抚摸活青蛙（蟾蜍）的皮肤，有黏滑感，其黏液由皮肤腺所分泌。

在显微镜下观察青蛙（蟾蜍）的皮肤切片，可见皮肤由表皮和真皮组成。角质层裸露在体表，极薄，由扁平细胞构成，角质层下为柱状细胞构成的生发层。表层中尚有腺体的开口和少量色素细胞。真皮位于表皮之下，其厚度约为表皮的 3 倍，由结缔组织组成，可分为紧贴表皮生发层的疏松层及其下方的致密层。真皮中有许多色素细胞、多细胞腺，血管和神经末梢等。

（二）运动、摄食和呼吸

1. 运动

把活青蛙（蟾蜍）放置在无水的玻璃缸内，观察其运动方式。注意青蛙的跳跃式运动过程，并测量其跳跃的距离。在玻璃缸中加水，观察它们游泳的方式。

2. 捕食

用玻璃箱布置一个青蛙（蟾蜍）生活状态下的小环境，上口盖上细纱网，箱内放入少量果蝇等飞行小昆虫，观察其捕食情况。

3. 呼吸

将一青蛙（蟾蜍）扣在一大烧杯下，观察其呼吸动作，注意它在呼气和吸气时鼻瓣的启闭及口腔底部的活动。

（三）内部结构

处死青蛙（蟾蜍）常用的方法有麻醉法和双毁髓法。乙醚麻醉法：在广口瓶内放入蘸有乙醚的脱脂棉球，将活蛙（蟾蜍）放入瓶内，密封瓶口，使其麻醉致死。双毁髓法：左手握青蛙，中指抵住其胸部，拇指按其背部。右手持解剖针自两眼之间沿中线刺入凹陷处，即枕骨后凹。将解剖针从枕骨大孔向前刺入颅腔，搅动，捣毁脑组织。然后将针退回到枕骨大孔，转向后方。与脊柱平行插入椎管，旋针，破坏脊髓。当青蛙（蟾蜍）四肢僵直而后又酥软下垂时，即表明脑和脊髓完全破坏。拔出解剖针，用干棉球堵住针孔止血。

实验材料若为蟾蜍，操作中应注意不宜近距离注视，不要挤压其耳后腺，防止耳后腺分泌物射入实验者眼内。如被射入，则立即用生理盐水冲洗眼睛。

将青蛙（蟾蜍）腹面向上放在蜡盘上，四肢用大头针固定，用镊子夹起泄殖腔稍前方的皮肤，剪一切口，再从切口处沿腹部中线略偏左或右剪至下颌，然后在肩带和腰带处转向左右横剪一段，将腹壁外翻，用大头针固定，暴露内脏，进行观察（图10 - 1）。

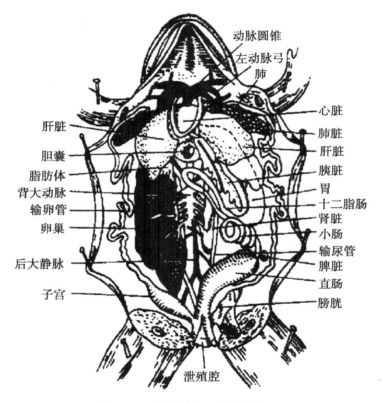

图10 - 1　蛙的内脏（自黄诗笺）

1. 口咽腔（图10 - 2）

为消化和呼吸系统共同的通道。

（1）舌。左手持镊将青蛙（蟾蜍）的下颌拉下，可见口腔底部中央有一柔软的肌肉质舌，其基部着生在下颌前端内侧，舌尖向后伸向咽部。右手用镊子轻轻将舌从口腔内向外翻拉出展平，可看到蛙的舌尖分叉（蟾蜍舌尖钝圆，不分叉），用手指触舌面有黏滑感。右手持剪剪开左右口角至鼓膜下方，口咽腔全部露出。

（2）内鼻孔。1 对椭圆形孔，位于口腔顶壁近吻端处。取一鬃毛从外鼻孔穿入，可见鬃毛由内鼻孔穿出。

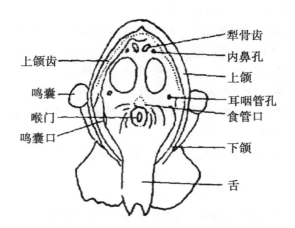

图 10 - 2　蛙的口咽腔（自陈广文等）

（3）齿。沿上颌边缘有一行细而尖的牙齿，齿尖向后，即颌齿（蟾蜍无齿）；在 1 对内鼻孔之间有两丛细齿，为犁齿（蟾蜍无齿）。

（4）耳咽管孔。位于口腔顶壁两侧，颌角附近的 1 对大孔。用镊子由此孔轻轻探入，可通到鼓膜。

（5）鸣囊口。雄蛙口腔底部两侧口角处，耳咽管孔稍前方，有 1 对小孔即鸣囊口（雄蟾蜍无此孔）。

（6）喉门。为舌尖后方，腹面的具有纵裂的圆形突起。内由 1 对半圆形勺状软骨支持，两软骨间的纵裂即喉门，是喉气管室在咽部的开口。

（7）食管口。喉门的背侧，咽底的雏襞状开口。观察完口咽腔后，剪开皮肤。然后用镊子将两后肢基部之间的腹直肌后端提起，用剪刀沿腹中线稍偏左自后向前剪开腹壁（这样不致损毁位于腹中线上的腹静脉），剪至剑胸骨处时，再沿剑胸骨的左、右侧斜剪，剪断乌喙骨和肩胛骨。用镊子轻轻提起剑胸骨，仔细剥离胸骨与围心膜间的结缔组织（注意勿损伤围心膜），最后剪去胸骨和胸部肌肉。将腹壁中线处的腹静脉从腹壁上剥离开，再将腹壁向两侧翻开，用大头针固定在蜡板上。此时可见位于体腔前端的心脏，心脏两侧的肺囊，心脏后方的肝脏，以及胃、膀胱等器官。

2. 消化系统

（1）肝脏。红褐色，位于体腔前端，心脏的后方，由较大的左右两叶和较小的中叶组成。在中叶背面，左右两叶之间有一绿色圆形小体，即胆囊。用镊子夹起胆囊，轻轻向后牵拉，可见胆囊前缘向外发出两根胆囊管，一根与肝管连接，接收肝脏分泌的胆汁，一根与总输胆管相接。胆汁经总输胆管进入十二指肠。提起十二指肠，用手指挤压胆囊，可见有暗绿色胆汁经总输胆管而入十二指肠。

（2）食管。将心脏和左叶肝脏推向右侧，可见心脏背方有一乳白色短管与胃相连，此管即食管。

（3）胃。为食管下端所连的一个弯曲的膨大囊状体，部分被肝脏遮盖。胃与食管相连处称贲门；胃与小肠交接处明显紧缩，变窄，为幽门；胃内侧的小弯曲，称胃小弯；外侧的弯曲称胃大弯；胃中间部称胃底。

（4）肠。可分小肠和大肠两部。小肠自幽门后开始，向右前方伸出的一段为十二指肠；其后向右后方弯转并继而盘曲在体腔右下部，为回肠。大肠接于回肠，膨大而陡直又称直肠；直肠向后通泄殖腔，以泄殖腔孔开口于体外。

（5）胰脏。为一条淡红色或黄白色的腺体，位于十二指肠间的弯曲处。将肝、胃和十二指肠翻折向前方，即可看到胰脏的背面。总输胆管穿过胰脏并接受胰管通入。但胰管细小，一般不易看到。

（6）脾。在直肠前端的肠系膜上，有一红褐色球状物，即脾。它是一淋巴器官，与消化无关。

3. 呼吸系统

青蛙（蟾蜍）为肺皮呼吸，其呼吸由肺和皮肤共同完成。

（1）喉气管室。左手持镊轻轻将心脏后移，右手用钝头镊子自咽部喉门处通入，可见心脏背方一短粗略透明的管子，即喉气管，其后端通入肺。

（2）肺。为位于心脏两侧的 1 对粉红色、近椭圆形的薄壁囊状物。剪开肺壁可见其内表面呈蜂窝状，密布微血管。

（3）皮肤。剥开皮肤。可见其内表面布满血管，为重要的辅助呼吸器官。

4. 循环系统

心脏位于体腔前端胸骨背面，被包在围心腔内，其后是红褐色的肝脏。在心脏腹面用镊子夹起半透明的围心膜并剪开，心脏便暴露出来。通过血管注射解剖标本，观察心脏的外形及其周围血管（图 10 – 3）。

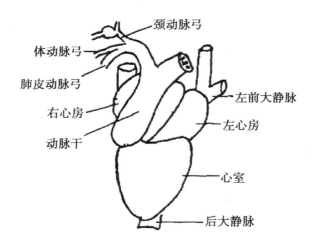

图 10 – 3　蛙的心脏（自陈广文等）

心房：为心脏前部的 2 个薄壁有皱襞的囊状体，左右各一。

心室：1 个，连于心房之后的厚壁部分，圆锥形，心室尖向后。在两心房和心室交界处有明显的冠状沟，紧贴冠状沟有黄色脂肪体。

动脉圆锥：由心室腹面右上方发出的 1 条较粗的肌质管，色淡。其后端稍膨大，与心室相通。其前端分为两支，即左右动脉干。

静脉窦：在心脏背面，为一暗红色三角形的薄壁囊。其左右两个前角分别连接左右前大静脉，后角连接后大静脉。静脉窦开口于右心房。在静脉窦的前缘左侧，有很细的肺静脉注入左心房。

（1）动脉系统。左右动脉干穿出围心腔后，每支又分成3支，即颈动脉弓、体动脉弓和肺动脉弓（图10－4）。

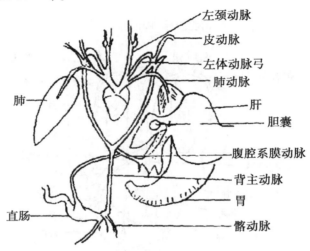

左颈动脉
皮动脉
左体动脉弓
肺动脉
肝
胆囊
腹腔系膜动脉
背主动脉
胃
髂动脉
肺
直肠

图10－4　蛙的动脉（腹面观）（自丁汉波）

颈动脉弓：由动脉干发出的最前面的1支血管。

外颈动脉：由颈动脉内侧发出，较细，直伸向前，分布于下颌和口腔壁。

内颈动脉：由颈动脉外侧发出的1支较粗的血管，其基部膨大成椭圆体，称颈动脉腺。内颈动脉继续向外前侧延伸到脑颅基部，再分出血管，分布于脑、眼、上颌等处。

肺皮动脉弓：由动脉干发出的最后面的1支动脉弓，它向背外侧斜行。仔细剥离其周围结缔组织，可见此动脉又分为粗细不等的两支肺动脉：较细，直达肺囊。再沿肺囊外缘分散成许多微血管，分布到肺壁上。皮动脉：较粗，先向前伸，然后跨过肩部穿入背面，以微血管分布到体壁皮肤上。

体动脉弓及其分支：体动脉弓是从动脉于发出的3支动脉的中间1支，最粗。左右体动脉弓前行不远就环绕食管两旁转向背方，沿体壁后行到肾脏的前端，汇合成1条背大动脉。将胃肠轻轻翻向右侧，即可见到汇合处。背大动脉后行途中再行分支。

（2）静脉系统。静脉多与动脉并行，注射色剂的标本，静脉多为蓝色。可分为肺静脉、体静脉和门静脉3组来观察（图10－5）。

肺静脉：用镊子提起心尖，将心脏折向前方，可见左右肺的内侧各伸出1根细的静脉，右边的略长；在近左心房处，两支细静脉汇合成1支很短的总静脉，通入左心房。

体静脉：包括左右对称的1对前大静脉和1条后大静脉。将心脏折向前方，于心脏背面观察。位于心脏两侧，分别通入静脉窦左右角的2支较粗的血管，即左、右前大静脉，通入静脉窦后角的1支粗血管，即后大静脉。

门静脉：包括肾门静脉和肝门静脉。它们分别接受来自后肢和消化器官的静脉，汇入肾脏和肝脏，并在肾脏和肝脏中分散成毛细血管。肾门静脉是位于左右肾脏外缘的1对静脉。沿一侧肾脏外缘向后追踪，可见此血管由来自后肢的2条静脉，即臀静脉和髂静脉汇合而成。髂静脉为股静脉的2个分支。肝门静脉是由来自胃和胰的胃静脉、来自肠和系膜的肠静脉和来自脾脏的脾静脉汇合而成的。肝门静脉前行至肝脏附近与腹静脉合并入肝。

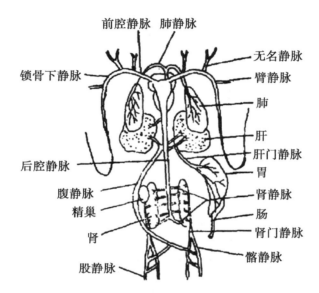

图10-5　蛙的静脉（背面观）（自郑光美）

观察血管分布以后，用镊子提起心脏，用剪刀将心脏连同一段出入心脏的血管剪下。用水将离体心脏冲洗干净，在解剖镜下用手术刀切开心、心房和动脉圆锥的腹壁，观察心脏和动脉圆锥的内部结构。

（3）心脏的内部结构。心瓣膜：在心房和心室之间有一房室孔，以沟通心室与心房。在房室孔周围可见有2片大型和小型的膜状瓣。在心室和动脉圆锥之间有1对半月形的瓣膜，称半月瓣。

5. 排泄系统

（1）肾脏。1对红褐色长而扁的器官，位于体腔后部，紧贴背壁脊柱的两侧。将其表面的腹膜剥离开，即清楚可见。肾的腹缘有1条橙黄色的肾上腺，为内分泌腺体。

（2）输尿管。由两肾的外级近后端发出的1对壁很薄的细管，它向后伸延，分别通入泄殖腔背壁（蟾蜍的左右输尿管末端合并成一总管后通入泄殖腔背壁）。

（3）膀胱。位于体腔后端腹面中央，连附于泄殖腔腹壁垒森严的1个两叶状薄壁囊。膀胱被尿液充盈时，其形状明显可见，当膀胱空虚时，用镊子将它放平展开，也可看到其形状。

（4）泄殖腔。为粪，尿和生殖细胞共同排出的通道，以单一的泄殖腔孔开口于体外。沿腹中线剪开耻骨，进一步暴露泄殖腔。剪开泄殖腔的侧壁并展开腔壁，用放大镜观察腔壁上输尿管、膀胱，以及雌蛙输卵管通入泄殖腔的位置。

6. 生殖系统

（1）雄性。精巢：1 对，位于肾脏腹面内侧，近白色，卵圆形（蟾蜍的精巢常为长柱形），其大小随个体和季节的不同而有差异。

输精小管和输精管：用镊子轻轻提起精巢，可见由精巢内侧发出的许多细管即输精小管，它们通入肾脏前端。所以雄蛙（或蟾蜍）的输尿管兼输精。

脂肪体：位于精巢前端的黄色指状体，其体积大小在不同季节里变化很大。雄蟾蜍精巢前方，有 1 对扁圆形的毕氏器，为退化的卵巢。在肾脏外侧各有 1 条细长管，为退化的输卵管，其前端渐细而封闭，后端左右合一，开口于泄殖腔。

（2）雌性。卵巢：1 对，位于肾脏前端腹面，形状大小因季节不同而变化很大，在生殖季节极度膨大，内有大量黑色卵，未成熟时淡黄色。

输卵管：为 1 对长而迂曲的管子，乳白色，位于输尿管外侧，以喇叭状开口于体腔。后端在接近泄殖腔处膨大成囊状，称为"子宫"。"子宫"开口于泄殖腔背壁（蟾蜍的左右"子宫"合并后，通入泄殖腔）。

脂肪体：1 对，与雄性的相似，黄色，指状，临近冬眠季节时体积很大。雌蟾蜍的卵巢和脂肪体之间有橙色球形的毕氏器，为退化的精巢。

7. 骨骼系统（图 10 – 6）

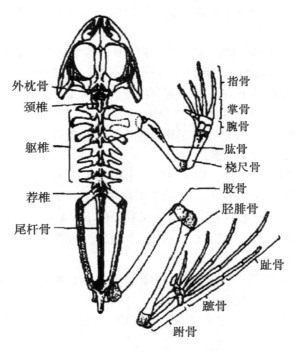

图 10 – 6　蛙的骨骼（自黄诗笺）

青蛙（蟾蜍）的骨骼系统由中轴骨骼（包括头骨和脊柱）和附肢骨骼组成。取青蛙（蟾蜍）的骨骼标本进行以下观察。

（1）头骨。青蛙（蟾蜍）的头骨扁而宽，可分为脑颅和咽颅两部分。

①脑颅：中央狭长的部分即脑颅，为容纳脑髓的地方。其两侧各一大空隙，眼球着生于此。脑颅后端有枕骨大孔，脑由此与脊髓相通。观察构成脑颅的骨片。

外枕骨：1 对，位于最后方，左右环接，中贯枕骨大孔，每块外枕骨有一光滑圆形突起，称枕髁，与颈椎相关节。

前耳骨：1 对，位于两外枕骨的前侧方。

额顶骨：1 对，狭长，位于外枕骨的前方，构成脑颅顶壁的主要部分。

鼻骨：1 对，位于额顶骨前方，略呈三角形，构成鼻腔的背壁。

蝶筛骨：位于鼻骨和额顶骨之间，构成颅腔的前壁。并向前伸展，构成鼻腔的后半部，此骨在脑颅的腹面可见。

副蝶骨：为脑颅腹面最大的扁骨，略呈"十"字形，其后缘与外枕骨相接，其前方是蝶筛骨。

犁骨：1 对，位于鼻囊的腹面。蛙的每块犁骨腹面有一簇细齿，称犁骨齿（蟾蜍无犁骨齿）。

②咽颅：包括构成上下颌的骨骼及舌骨。

前颌骨：1 对，形短小，位于上颌的最前端，其下缘生有齿（蟾蜍无前颌齿）。

颌：1 对，形长而扁曲，前端与前颌骨相连，后端与方轭骨毗连，构成上颌外缘。每骨的下表面凹陷成沟，沟的外边生有整齐的细齿，称颌齿（蟾蜍无颌齿）。

方轭骨：1 对，短小，位于上颌后端外缘的两旁，与上颌骨相连。其后端是一块尚未骨化的方软骨。

鳞骨：1 对，位于前耳骨的两侧，呈'T'形。其主支向后侧方伸出，连接方轭骨的后端，其横支的后端连接前耳骨。

翼骨：1 对，位于鳞骨下方，呈"人"字形，其前支与上颌骨地中段相邻接，后支和内支分别与方软骨、前耳骨相连。

腭骨：为 1 对横生细长骨棒，位于头骨腹面，一端连蝶筛骨，另一端连上颌骨。

颐骨：1 对，极小，位于颤颌前端。

麦克氏软骨：1 对棒形软骨，构成下颌之中轴，其后端变宽，形成关节面，与上颌的方软骨相关节。但经制作的标本，此骨常不存在，只留下一纵形沟槽。

齿骨：1 对，长条形薄硬骨片，附于麦氏软骨前半段的外面。

隅骨：1 对，长大，包围麦氏软骨的内、下表面。前端与齿骨相连，后端变宽，延伸达下颌的关节。

③舌骨：位于口腔底部，为支持舌的一组骨片。由扁平近长方形的舌骨体和其前端的 1 对前角及后端的 1 对后角组成。

（2）脊柱。蛙（或蟾蜍）的脊柱由 1 枚颈推，7 枚躯干枢，1 枚荐椎和 1 个尾杆骨组成。

①椎骨的一般构造：取 1 枚躯干椎观察。

椎体：是脊椎骨腹面增厚的部分。其前端凹入、后端凸出，为前凹型椎体。前后相邻椎体凹凸两面互相关节。蛙最后一枚躯干椎的椎体为双凹型（蟾蜍每一躯椎的椎体都是前凹型）。

椎孔：椎体背面的一椭圆形孔，前后邻接的椎骨的椎孔相连形成一管即椎管，脊髓贯穿其中。

椎弓：为椎体背侧的 1 对弧形骨片，构成椎孔的顶壁和侧壁。

椎棘：椎弓背面正中的一细短突起。

横突：在椎弓基部和椎体交界处，由椎体两侧向外突出的 1 对较长的突起。

关节突：2 对，为分别位于椎弓基部前、后缘的小突起。前面的关节面向前，称前关节突；后面的关节面向后，称后关节突。前一椎骨的后关节突与后一椎骨的前关节突相关节。

②颈椎：为第 1 枚椎骨，也称寰椎。寰椎无横突和前关节面，其前面有 2 个卵圆形凹面，与头骨枕髁相关节。

③荐椎：具长而扁平的横突，向后伸展与髂骨的前端相关节。椎体后端有 2 个圆形小突起，与尾杆骨前端相关节。

④尾杆骨：是由若干尾椎骨愈合成的一细长棒状骨。其前端有 2 个凹面。与荐椎后方的两个突起相关节。

（3）附肢骨骼。

①肩带：呈半环形，左右对称。每侧肩带包括背腹两部，背部有上肩胛骨和肩胛骨，腹部有锁骨和乌喙骨。

上肩胛骨：位于肩背部的扁平骨。其后缘为软骨质。

肩胛骨：一端与上肩胛骨相连，另一端构成肩臼的背壁。

锁骨：位于腹面前方、细棒状。

乌喙骨：位于锁骨稍后方，为较粗大的棒状骨。其外端与肩胛骨共同构成肩臼，内端与上乌喙相连。

上乌喙骨：位于左右乌喙骨和锁骨之间，1 对细长形骨片，尚未完全骨化，在腹中线汇合，不能活动，称固胸型肩带（蟾蜍的左右上乌喙骨成弧状并互相重叠，可以活动，称弧胸型）。

胸骨：位于胸部的腹中线上。蛙的胸骨由一系列骨块组成，并以乌喙骨为界，分为两部分。蟾蜍只具 1 块。

前肢骨：构成前肢上臂、前臂、腕、掌、指等 5 部的骨块。

肱骨：上臂的一根长棒状骨，近端圆大，嵌入肩臼形成肩关节，远端与前臂的桡尺骨形成肘关节。

桡尺骨：前臂的一根由尺骨和桡骨合并而成的长骨，骨干内外两面两骨愈合处各有一纵沟，尤以远端部分较明显。

腕骨：位于腕部的 6 枚不规则形小骨块，排成两列，每列 3 枚。

掌骨：掌部 5 根小骨，第一掌骨极短小，其余掌骨细长形，长度相近。

指骨：前肢 4 指，分别关节于第二、第三、第四、第五掌骨远端。第一、第二指各有 2 枚指骨，第三、第四指各有 3 枚指骨。

②腰带：是后肢的支架，由髂骨、坐骨和耻骨 3 对骨构成，背面看呈"V"形，三骨愈合处的两外侧面各形成一凹窝，称髋臼。腰带的后部中间与尾杆骨相连。

髂骨：1 对长形骨，前端分别与荐椎的 2 个横突相连。后端与其他两骨愈合，构成髋臼的前壁和部分背壁。

坐骨：位髂骨后方。左右坐骨并合，构成髋臼的后壁和部分壁。

耻骨：位腰带后部的腹面，左右耻骨愈合。构成髋臼的腹壁。

后肢骨：构成后肢的股（大腿）、胫（小腿）、跗、跖、趾等 5 部的骨块。

股骨：为股部的一根长骨，其近端呈圆球状称股骨头，嵌入髋臼构成髋关节，远端与胫腓骨相关节。

胫腓骨：为胫部的一根长骨，骨干内外两面中间各有 1 条浅纵沟，表明此骨系由胫、腓两骨合并而成。其近端与股骨形成膝关节，远端与跗骨相关节。

跗骨：5 枚，排成 2 列。与胫腓骨相关节的是 1 对短棒状骨，外侧的为腓跗骨（跟骨），内侧的称胫跗骨（距骨），两骨上端愈合，下端相互靠拢。另 3 枚颗粒状，在跟骨、距骨和跖骨之间排成一横列。

跖骨：为联系跗骨和趾骨的 5 根长形骨，第四根最长。在第一跖骨内侧有一小钩状的距，又称前拇指。

趾骨：后肢 5 趾，第一、第二趾有 2 枚趾骨，第三、第五趾有 3 枚趾骨，第四趾有 4 枚趾骨。

8. 肌肉系统

（1）下颌表层肌肉。下颌下肌：位于下颌腹面表层的一薄片状肌肉，构成口腔底壁的主要部分。肌纤维横行于两下颌骨间，其中线处有一腱划，将它分为左右两半。

颏下肌：为一小片略呈菱形的肌肉，位于下颌的前角，其前缘紧贴下颌联合，肌纤维横行。

（2）腹壁表层主要肌肉。腹直肌：位于腹部正中幅度较宽的肌肉，肌纤维纵行，起于耻骨联合，止于胸骨。该肌被其中央纵行的结缔组织白线（腹白线）分为左右两半。每半又被横行的 4～5 条腱划分为几节。

腹斜肌：位于腹直肌两侧的薄片肌肉，分内外两层。腹外斜肌纤维由前背方向腹后方斜行。轻轻划开腹外斜肌可见到其内层的腹内斜肌，腹内斜肌纤维走向与腹外斜肌相反。

胸肌：位于腹直肌前方，呈扇形。起于胸骨和腹直肌外侧的腱膜，止于肱骨。

（3）前肢肱部肌肉。肱三头肌：位于肱部背面，为上臂最大的一块肌肉。起点有 3 个肌头，分别起于肱骨近端的上、内表面，肩胛骨后缘和肱骨的外表面，止于桡尺骨的近端，是伸展和旋转前臂的重要肌肉。

（4）后肢肌肉。股薄肌：位于大腿内侧，几乎占据腿腹面的一半，可使大腿向后和小腿伸屈。

缝匠肌：位于大腿腹面中线的狭长带状肌。肌纤维斜行，起于髂骨和耻骨愈合处的前缘，止于胫腓骨近端内侧。收缩时可使小腿外展，大腿末端内收。

股三头肌：位于大腿外侧最大的一块肌肉，可将标本由腹面翻到背面来观察。起点有 3 个肌头。分别起自髂骨的中央腹面、后面，以入髋骨的前腹面，其末端以共同的肌腱越过膝关节止于胫腓骨近端下方。收缩时，可使小腿前伸和外展。

　　股二头肌：一狭条肌肉，介于半膜肌和股三头肌之间且大部分被它们覆盖。起于髋骨背面正当髋臼的上方，末端肌腱分为两部分，分别附着于股骨的远端和胫骨的近端。收缩时能使小腿屈曲和上提大腿。

　　半膜肌：位于二头肌后方的宽大肌肉，起于坐骨联合的背缘。止于胫骨近端。收缩时能使大腿前屈或后伸。并能使小腿屈曲或伸展。

　　腓肠肌：小腿后面最大的一块肌肉，是生理学中常用的实验材料。起点有大小 2 个肌头，大的起于股骨远端的屈曲面，小的起于股三头肌止点附近，其末端以一跟腱越过跗部腹面，止于跖部，收缩时使小腿屈曲和伸足。

　　胫前肌：位于胫腓骨前面。起于股骨远端，末端以两腱分别附着于跟骨和距骨。收缩时能伸直小腿。

　　腓骨肌：位于胫腓骨外侧，介于腓肠肌和前肌之间。起于股骨远端，止于跟骨。收缩时能伸展小腿。

　　胫后肌：位于腓肠肌内侧前方。起于胫腓骨内缘，止于距骨。收缩时能伸足和弯足。

　　胫伸肌：位于胫前肌和胫后肌之间。起于股骨远端，止于胫腓骨。收缩时能使小腿伸直。

　　四、实验报告

　　（1）绘制青蛙（蟾蜍）的内部构造图，并注明各部位的名称。
　　（2）绘制青蛙（蟾蜍）循环系统的简图，并注明各部位的名称。
　　（3）总结青蛙（蟾蜍）对陆生生活的初步适应性及其不完善性。
　　（4）青蛙（蟾蜍）的骨骼系统表现出陆生脊椎动物所具有的哪些特征，并有哪些特化？

实验十一　家鸽的外形及内部解剖

鸟类由古爬行类进化而来，是脊椎动物中成功向空中发展的、高度特化的一个类群。鸟类几乎所有的结构都是围绕着飞翔生活而配置的，具有一系列与飞翔生活相适应的特征：体呈流线型、体表被羽毛；前肢特化为两翼；骨骼轻而多愈合，为气质骨；使翼扬起和下扇的肌肉发达；无牙齿、直肠短、无膀胱、生殖器官仅一侧发达；有与肺相连通的发达的气囊，行双重呼吸等。鸟类可以通过主动的快速运动，适应多变的环境。鸟类另一显著的特征是新陈代谢率高、具有高而恒定的体温，减少了对外界温度条件的依赖程度，获得了在低温地区分布和夜间活动的能力。家鸡和家鸽是人们日常生活中最为熟悉和最为常见的鸟类，人类很久以前就已驯化饲养，是重要的经济鸟类，也是很好的实验材料，均可作为鸟纲的代表。

一、目的和内容

（一）目的

（1）学习解剖鸟类的方法。
（2）通过对家鸽外形及内部结构的观察，认识鸟类各系统的基本结构及其适应于飞翔生活的主要特征。

（二）内容

（1）观察家鸽的外形。
（2）家鸽整体骨骼标本的观察。
（3）家鸽的解剖。

二、实验材料和用品

家鸽整体骨骼标本，活家鸽。
钟形罩、解剖盘、解剖器、注射器、针头、乙醚等。

三、实验操作及观察

（一）外形

家鸽身体呈纺锤形，体型小而紧凑，体被羽毛，具流线型轮廓。羽毛有正羽、绒羽和纤羽3种类型。身体分头、颈、躯干、尾和四肢5部分。头呈圆形，前端具长形的角质喙，家鸽上喙基部有裸露的皮肤隆起，称蜡膜。蜡膜下方两侧各有一个裂缝状的外鼻孔。眼大而圆，具可活动的眼睑和半透明的瞬膜。耳孔位于眼的后下方，鼓膜下陷而形成外耳道，周围有耳羽丛生。颈部长而灵活。躯干呈卵圆形，腹面因具隆起的龙骨突和发达的胸肌而向外凸起。尾部缩短成小的肉质突起，其背面两侧突起的皮下具尾脂腺，腹面有一裂缝状的泄殖腔。附肢两对，前肢特化为翼，成为功能单一的飞翔器官，其上附着飞羽。后肢下部被角质鳞片，具四趾，为常态足（三前一后），趾端具爪（图11-1）。

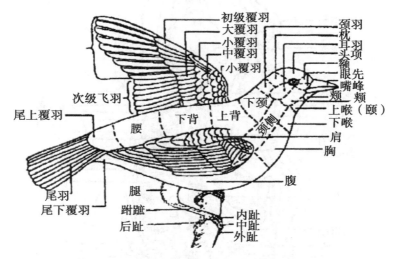

图 11-1　鸟体的外部形态（自郑作新等）

（二）内部结构（图 11-2）

解剖家鸽之前，要进行处死。在实验前 20~30min，将家鸽放入装有乙醚的钟形罩中，使其麻醉致死。或紧捏实验动物的颈部，令其窒息而死。或选择翅脉注射少量空气，形成气体栓塞，导致死亡。

选择正羽、绒羽和纤羽的典型标本，用体视显微镜观察其结构特点。用水打湿家鸽腹侧的羽毛，然后拔掉它。在拔颈部的羽毛时要特别小心，每次不要超过 2~3 枚，要顺着羽毛方向拔。拔时以手按住颈部的薄皮肤，以免将皮肤撕破。把拔去羽毛的家鸽放于解剖盘里。注意羽毛的分布，并区分羽区与裸区。

用解剖刀沿着龙骨突起切开皮肤，切口向前开至嘴基，向后至泄殖腔，用解剖刀钝端分开皮肤，当剥离至嗉囊处要特别小心，以免造成破损。沿着龙骨的两侧及叉骨的边缘，小心切开胸大肌。留下肱骨上端肌肉的止点处，下面露出的肌肉是胸小肌。用同样方法把它切开，试牵动这些肌肉了解其机能。然后沿着胸骨与肋骨相连的地方用骨剪剪断肋骨，将乌喙骨与叉骨联结处用骨剪剪断。将胸骨与乌喙骨等一同揭去，即可看到内脏的自然位置。

1. 消化系统

（1）消化管。口腔：剪开口角进行观察。上下颌的边缘生有角质喙。舌位于口腔内，前端呈箭头状。在口腔顶部的两个纵走的黏膜褶壁中间有内鼻孔。口腔后部为

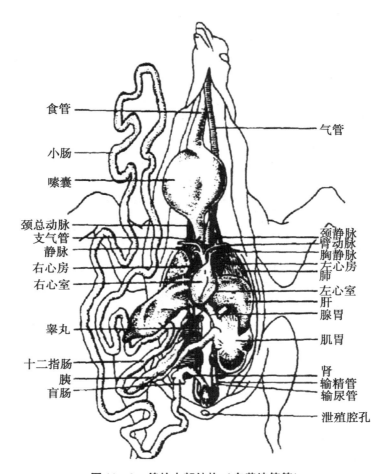

食管
气管
小肠
嗉囊
颈总动脉
颈静脉
支气管
臂动脉
静脉
胸静脉
右心房
左心房
右心室
肺
左心室
肝
腺胃
睾丸
肌胃
十二指肠
肾
胰
输精管
盲肠
输尿管
泄殖腔孔

图 11－2　鸽的内部结构（自黄诗笺等）

咽部。

食管：沿颈的腹面左侧下行，在颈的基部膨大成嗉囊。嗉囊可贮存食物，并可部分地软化食物。

胃：胃由腺胃和肌胃组成。腺胃又称前胃，上端与嗉囊相连，呈长纺锤形。剪开腺胃观察内壁上丰富的消化腺。肌胃又称砂囊，上连前胃，位于肝脏的右叶后缘，为一扁圆形的肌肉囊。剖开肌胃，呈辐射状排列的肌纤维。肌胃胃壁厚硬，内壁覆有硬的角质膜，呈黄绿色。肌胃内藏砂粒，用以磨碎食物。

十二指肠：位于腺胃和肌胃的交界处，呈 U 形弯曲（在此弯曲的肠系膜内，有胰腺着生）。寻找胆管和胰管的入口处。

小肠：细长，盘曲于腹腔内，最后与短的直肠连接。

直肠（大肠）：短而直，末端开口于泄殖腔。在其与小肠的交界处，有 1 对豆状的盲肠。鸟类的大肠较短，不能贮存粪便。

（2）消化腺。肝脏：红褐色，位于心脏的后方，分左右两叶。在肝脏的右叶背面有一深的凹陷，自此处伸出两支胆管注入十二指肠。

胰脏：在展开的十二指肠"U"形弯曲之间的肠系膜上，可见淡黄色的胰脏，分为背、腹、前三叶，由腹叶发出两条，背叶发出一条胰管通入十二指肠。

2. 呼吸系统

外鼻孔：开口于上喙基部（家鸽位于蜡膜的前下方）。

内鼻孔：位于口顶中央的纵走沟内。

喉：位于舌根之后，中央的纵裂为喉门。

气管：一般与颈同长，以完整的软骨环支持。在左右气管分叉处有一较膨大的鸣管，是鸟类特有的发声器官。

肺：左右 2 叶。位于胸腔的背方，为 1 对弹性较小的实心海绵器官。

气囊：与肺连接的数对膜状囊，分布于颈、胸、腹和骨骼的内部。

3. 循环系统

（1）心脏。心脏位于躯体的中线上，体积很大。用镊子拉起心包膜，然后以小剪刀纵向剪开。心脏的背侧和外侧除去心包膜，可见心脏被脂肪带分隔成前后两部分。前面褐红色的扩大部分为心房，后面颜色较浅的为心室。

（2）动脉。靠近心脏的基部，把余下的心包膜，结缔组织和脂肪清理出去，暴露出来的两条较大的灰白色血管，即无名动脉。无名动脉分出颈动脉、锁骨下动脉、肱动脉和胸动脉，分别进入颈部、前肢和胸部（锁骨下动脉为无名动脉的直接延续）。用镊子轻轻提起右侧的无名动脉，将心脏略往下拉，可见右体动脉弓走向背侧后，转变为背大动脉后行，沿途发出许多血管到有关器官。再将左右心房无名动脉略略提起，可见下面的肺动脉分成 2 支后，绕向背后侧而到达肺脏。

（3）静脉。在左右心房的前方可见到两条粗而短的静脉干，为前大静脉。前大静脉由颈静脉、肱静脉和胸静脉汇合而成。这些静脉差不多与同名的动脉相平行，因而容易看到。将心脏翻向前方，可见 1 条粗大的血管由肝脏的右叶前缘通至右心房，这就是后大静脉。

从实验观察可以看到鸟的心脏体积很大，并分化成 4 室。静脉窦退化。体动脉弓只留下右侧的 1 支。因而动、静脉血完全分开，建立了完善的双循环。

4. 排泄系统

肾脏：紫褐色，左右成对，各分成 3 叶，贴近体腔背壁。

输尿管：沿体腔腹面下行，通入泄殖腔。鸟类不具膀胱。

泄殖腔：将泄殖腔剪开，可见到腔内具 2 横褶，将泄殖腔分为 3 室。

前面较大的为粪道，直肠即开口于此，中间为泄殖道，输精管（或输卵管）及输尿管开口于此，最后为肛道。

5. 生殖系统

雄性：具成对的白色睾丸。从睾丸伸出输精管，与输尿管平行进入泄殖腔。多数鸟类不具外生殖器。

雌性：右侧卵巢退化；左侧卵巢内充满卵泡；有发达的输卵管。输卵管前端借喇叭口通体腔；后方弯曲处的内壁富有腺体，可分泌蛋白并形成卵壳；末端短而宽，开口于泄殖腔。

（三）骨骼系统的观察（图 11 – 3）

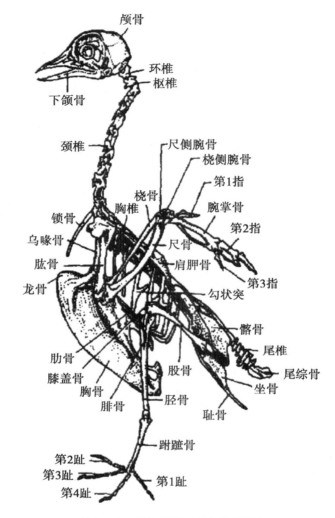

图 11 – 3 鸽的骨骼（自黄诗笺等）

取家鸽骨骼整体标本，对照教材上有关图片，详细观察和识别下列结构：

1. 头骨

鸟类头部的骨骼多由薄而轻的骨片组成，骨片间几乎无缝可寻（仅于幼鸟时，尚可认出各骨片的界限）。头骨的前部为颜面部，后部为顶枕部，后方腹面有枕骨大孔。头骨的两侧中央有大而深的眼眶。眼眶后方有小的耳孔。注意上颌与下颌向前延伸形成喙，不具牙齿。

2. 脊柱

鸟类的脊柱可分为颈椎、胸椎、腰椎、荐椎和尾椎。除颈椎及尾椎外，大部分椎骨已愈合在一起，使其背部更为坚强而便于飞翔。颈椎 14 枚（家鸡为 16 ~ 17 枚），彼此分离。第一、第二颈椎特化为寰椎与枢椎。取单个颈椎（寰椎与枢椎除外）观察椎体与椎体之间的关节面。

胸椎：5 个胸椎互相愈合，每一胸椎与 1 对肋骨相关节。

愈合荐骨（综荐骨）：由胸椎（1 个）、腰椎（5~6 个）、荐椎（2 个）、尾椎（5 个）愈合而成。

尾椎：在愈合荐骨的后方有 6 个比较分离的尾椎骨。

尾综骨：位于脊柱的末端，由 4 个尾椎骨愈合而成。

3. 肩带、前肢及胸骨

（1）肩带。由肩胛骨、乌喙骨及锁骨组成，非常健壮，分为左右两部，在腹面与胸骨连接。

肩胛骨：细长，呈刀状，位于胸廓的背方，与脊柱平行。

乌喙骨：粗壮、在肩胛骨的腹方，与胸骨连接。

锁骨：细长，在乌喙骨之前，左右锁骨在腹端愈合成 1 个"V"字形的叉骨。生活时上端与乌喙骨相连，下端由韧带与胸骨相连。

肩臼：由肩胛骨和乌喙骨形成的关节凹，与肱骨相关节。

（2）前肢。对照教材上的图认识肱骨、尺骨、桡骨、腕骨等骨骼的形状和结构，注意其腕掌骨合并及指骨退化的特点。

（3）胸骨。为躯干部前方正中宽阔的骨片，左右两缘与肋骨联结，腹中央有 1 个纵行的龙骨突起。

4. 腰带及后肢

（1）腰带。构成腰带的髂骨、耻骨、坐骨愈合成无名骨。髂骨构成无名骨的前部，坐骨构成其后部。耻骨细长，位于坐骨的腹缘。开放型骨盆。

（2）后肢。对照教材上的图，注意胫骨与跗骨合并成胫跗骨。跗骨与蹠骨合并成跗蹠骨，两骨间的关节为跗间关节。注意趾骨的排列情况。

四、实验报告

（1）绘制家鸽的内部解剖图，并注明各器官名称。

（2）鸟类振翅运动的肌肉主要是哪些？其功能是什么？

（3）试述鸟类在骨骼系统上有哪些适应飞翔生活的特点？

实验十二　家兔的外形和内部解剖

哺乳动物是脊椎动物中进化地位最高等的类群。神经系统和感官高度发达、口腔咀嚼和消化、运动迅速、高而恒定的体温、胎生和哺乳是其一系列进步性特征。但在系统演化史上，哺乳类比鸟类出现早，是从类似古两栖类的原始爬行类起源的。因此，哺乳类保留了一些与两栖纲类似的特征：头骨有 2 个枕骨髁、皮肤富于腺体、排泄尿素等。

家兔易于饲养、价格低廉，是生命科学和医学等科学研究中广泛应用的实验动物。对家兔的外部形态和内部结构的观察，是进一步理解哺乳动物的一般性特征与进步性特征的基础。

一、目的和内容

（一）目的

（1）学会研究哺乳动物的观察和解剖方法。
（2）通过对家兔外形和内部结构的观察，掌握哺乳纲的进步性特征。

（二）内容

（1）观察家兔的外形。
（2）观察家兔的内部结构。

二、实验材料和用品

活家兔、家兔神经系统浸制标本、家兔整体骨骼标本、单独的骨骼标本、家兔皮肤切片等。

显微镜、解剖镜、解剖器、动物解剖台、蜡盘、注射器、针头、烧杯、吸水纸、干棉球等。

三、实验操作及观察

（一）外形

家兔全身被毛。毛有 3 种类型，即针毛、绒毛和触毛。针毛稀而粗长，具有毛向。绒毛细短而密，没有毛向。触毛或称须，着生于嘴边，长而硬，有感觉的功能。家兔的身体分为头、颈、躯干、尾和四肢 5 部分。

1. 头

哺乳动物头呈长圆形，眼以前为颜面区，眼以后为头颅区。口围以肉质唇。兔的上唇中央有明显的纵裂。口边有硬而长的触须。眼具有上下眼睑及退化的瞬膜，可用镊子将瞬膜从眼角拉出。眼后为 1 对很长的外耳壳。

2. 颈

头后有明显的颈部，但较短。

3. 躯干

家兔的躯干可分为背部、胸部和腹部。在背部有明显的腰弯曲。胸、腹部的界限为最后的 1 对肋骨及胸骨剑突软骨的后缘。雌兔在腹部有乳头 4～5 对。观察靠近尾部的肛门和泄殖孔。在外形上分辨雌雄。注意观察前后肢着生的位置、指、（趾）数及爪。

4. 尾

家兔的尾部很短，在躯干末端。

5. 四肢

在腹面，出现肘和膝。前肢短小，肘部向后弯曲，前肢末端具 5 指。后肢较长，膝部向前弯曲，具 4 趾，第 1 趾退化，指（趾）端具爪。

（二）内部结构（图 12 - 1）

一般采用耳缘静脉注射空气栓塞处死家兔。将家兔置于解剖盘内，先在耳朵外缘的静脉远端进针处剪毛，用酒精棉球消毒，并轻拍使血管扩张。用左手食指和中指夹住耳缘静脉近心端，使其充血，并用左手拇指和无名指固定兔耳。右手持注射器，在耳缘静脉处插入针头，注射 10ml 空气，几分钟内兔即可死亡。也可以用乙醚熏或断颈法处死活兔。

将已处死的家兔，仰置于解剖盘中。用线绳固定四肢，用棉花蘸清水润湿腹部正中线的毛，然后自生殖器开口稍前方处，提起皮肤，沿腹中线自后向前把皮肤纵行剪开，直达下颌底部为止。然后再从颈部将皮肤向左、右横向剪至耳廓基部。以左手持镊子夹起颈部剪开的皮肤边缘，右手用解剖刀小心地清除皮下结缔组织。

1. 消化系统

（1）口腔。沿口角将颊部剪开，清除一侧的咀嚼肌，并用骨剪剪开该侧的下颌骨与头骨的关节，即可将口腔全部揭开。口腔的前壁为上下唇，两侧壁是颊部，上壁是腭，下壁为口腔底。口腔前面牙齿与唇之间为前庭。位于最前端的 2 对长而呈凿状的牙为门牙；后面各有 3 对短而宽且具有磨面的前臼齿和臼齿。在口腔顶部的前端，用手可摸到硬腭，后端则为软腭。硬腭与软腭构成鼻通路。口腔底部有发达的肉质唇。舌的前部腹方有系带将舌连在口腔底上。舌的表面有许多小乳头，其上有味蕾。舌的基部有一单个的轮廓乳头。

（2）唾液腺。兔有 4 对唾液腺，即腮腺、颌下腺、舌下腺和眶下腺。

腮腺（耳下腺）：位于耳壳基部偏腹前方，紧贴皮下，剥开皮肤即可看见。腮腺为不规则的淡红色腺体，形状不规则，其腺管开口于口腔底部。

颌下腺：位于下颌后部腹面两侧，为 1 对卵圆形的腺体。其腺管开口于口腔底部。

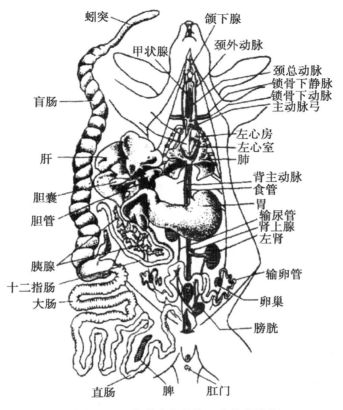

图 12 - 1　兔的内部结构（自黄诗笺等）

舌下腺：位于左右颌下腺的外上方，形小，淡黄色。将附近淋巴结（圆形）移开，即可看到近于圆形的舌下腺。由腺体的内侧伸出 1 对舌下腺管，伴行舌下腺管开口于口腔底。

眶下腺：位于眼窝底部前下方，呈粉红色。

（3）咽部。咽位于软腭后方背面。由软腭自由缘构成的孔为咽峡。沿软腭的中线剪开，露出的腔是鼻咽腔，为咽部的一部分。鼻咽腔的前端是内鼻孔。在鼻咽腔的侧壁上有 1 对斜的裂缝是耳咽管的开口。咽部后面渐细，连接食管。食管的前方为呼吸道的入口。此处有 1 块叶状的突出物称会厌（位于舌的基部）。食管通道与气体通道在咽部后面进行交叉，会厌能防止食物进入呼吸道。

（4）消化管。食管：位于气管背面，由咽部后行伸入胸腔，穿过横膈膜进入腹腔与胃连接。

胃：为一扩大的囊。一部分为肝脏所遮盖。食管开口于胃的中部。胃与食管相连处为贲门，与十二指肠相连处为幽门。

胃分为两部分：左侧胃壁薄而透明，呈灰白色，黏膜上有黏液腺；右侧胃壁的肌肉质较厚，且有较多的血管，故呈红灰色。黏膜上有纵行的棱和能分泌胃液的腺体。在胃的左下方有一深红色的条状腺体为脾脏，属淋巴腺体。

肠管：肠管的前端细而盘旋的部分为小肠，后段为大肠。小肠又分为十二指肠，空肠和回肠，大肠则分结肠和直肠。小肠和大肠交界处有盲肠。十二指肠在胃的幽门之后，弯折并向右行，接近肝脏的一侧有总肝管注入。在其对侧有胰管注入。空肠和回肠在外观上没有明显的界线。十二指肠后端为空肠，再后为回肠。盲肠是介于小肠和大肠交界处的盲囊。草食性动物的盲肠较发达，肉食性动物则退化。结肠的肠管上由纵行的肌肉纤维形成的结肠带，将肠管紧缩成环结状，故名为结肠。结肠又分为升结肠，横结肠和降结肠3部，按其自然位置即可区别。大肠的最后端为很短的直肠，直肠开口于肛门。

（5）消化腺。肝脏：为体内最大的消化腺体，位于腹腔的前部，呈深红色。分为6叶、即左外叶、左中叶、右中叶、右外叶、方形叶和尾形叶。在尾状叶与右外叶之间有动脉、静脉、神经和淋巴管的通路，称为肝门。兔的胆囊位于肝的右中叶之背侧，胆汁沿胆管进入十二指肠。

胰脏：散在于十二指肠的弯曲处，是一种多分支的淡黄色腺体。有1条（大白鼠有数条）胰腺管开口于十二指肠，不需详细寻找。

2. 呼吸系统

（1）鼻腔。前端以外鼻孔通外界，后端以内鼻孔与咽腔相通，中央由鼻中隔分为左右两半。

（2）喉头。将颈部腹面的肌肉除去，以便观察。喉头为一软骨构成的腔。喉头顶端有一很大的开口即声门。喉头的背缘有会厌。会厌的背面为食管的开口。喉头腹面的大形盾状软骨为甲状软骨。其后方为围绕喉部的环状软骨。环状软骨的背面较宽，其上有1对小的突起为勺状软骨。喉头腔内壁上的褶状物为声带。

（3）气管。由喉头向后延伸的气管。管壁由许多软骨环支持，软骨环的背面不完整，紧贴食管。气管向后伸分成2支进入肺。在环状软骨的两侧各有一扁平的椭圆形的腺体为甲状腺。

（4）肺。气管进入胸腔后分2支入肺。每支与肺的基部相连。肺为海绵状器官，位于心脏两侧的胸腔内。

3. 排泄系统

（1）肾脏。1对，为紫红色的豆状结构。位于腹腔背面，以系膜紧紧地联结在体壁上。由白色的输尿管连于膀胱。肾脏前方有一小圆形的肾上腺（内分泌腺）。尿经膀胱通连尿道，直接开口于体外。剪下一侧肾脏。沿侧面剖开，用水冲洗观察：外周部分为皮质部，内部有辐射状纹理的部分为髓质部。肾中央的空腔为肾盂。从髓质部有乳头状突起伸入肾盂。尿即经肾乳头汇入肾盂。再经输尿管入膀胱背侧。

（2）输尿管。由肾门各伸出一白色细管即输尿管，沿输尿管向后清理脂肪，注意观察它进入膀胱的情况。

（3）膀胱。呈梨形，其后部缩小通入尿道。

4. 生殖系统

（1）雄性生殖系统。睾丸为1对白色的卵圆形的器官。在繁殖期下降到阴囊中，非繁殖期则缩入腹腔内。阴囊以鼠蹊管孔通腹腔。在睾丸端部的盘旋管状构造为附睾。

由附睾伸出的白色管即为输精管。输精管经膀胱后面进入阴茎而通体外。在输精管与膀胱交界处的腹面，有1对鸡冠状的精囊腺。横切阴茎，可见位于中央的尿道，尿道周围有两个富于血管的海绵体。

（2）雌性生殖系统。在肾脏上方的紫黄色带有颗粒状突起的腺体为卵巢。卵巢外侧各有1条细的输卵管。输卵管上端部的喇叭开口于腹腔。输卵管下端膨大部分为子宫。有的标本可见子宫内有小胚胎或以被吸收的"子宫斑"（紫色斑点）。两侧子宫结合成"V"字形，经阴道开口于体外。

5. 循环系统（图12－2）

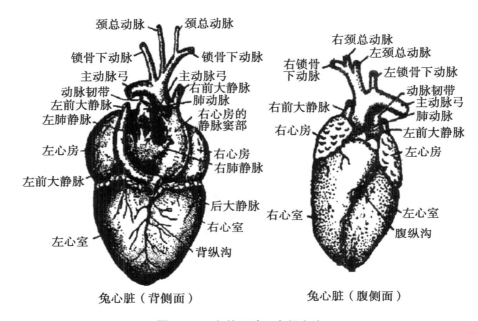

图 12 - 2　兔的心脏（自杨安峰）

（1）心脏及其附近的大血管。心脏：首先注意观察心脏的正常位置和形状。然后将心脏周围的血管剪断。剪断血管时，务必留一段血管，使其连于心脏上，以便观察心脏与血管连接的情况。按下列步骤进行解剖观察。

将离体心脏在水中洗净后，先沿右心房中线偏外侧处纵行剪开，即可看到右心房的腔，然后再沿腔的腹壁横向剪开右心房与右心室之间的壁。沿此切口再于右心室的腹壁上纵行剪开，即可打开右心房和右心室。

与心脏相连的大血管：大动脉弓为一粗大的血管，由左心室伸出，向前行转至左侧而折向后方。肺动脉由右心室发出，随后即分为两支，分别进入左右两叶肺（在心脏的背侧即可看到）。肺静脉分为左右两大支，由肺伸出，由背侧入左心房。左右前大静脉、后大静脉共同进入右心房（图12－3）。

（2）动脉系统。将一侧的前大静脉结扎起来，然后剪断，去掉脂肪以便观察心脏附近的大血管。哺乳动物仅有左体动脉弓。用镊子将家兔的心脏拉向右侧，可见大动脉弓由左心室发出。稍前伸即向左弯折走向后方。在贴近背壁中线，经过胸部至腹部后端

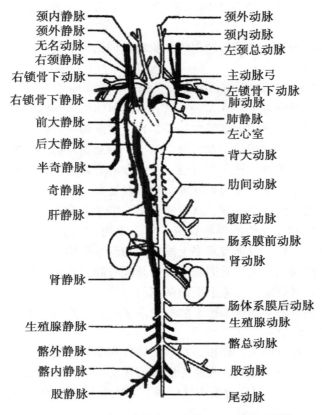

颈内静脉 —— 颈外动脉
颈外静脉 —— 颈内动脉
无名动脉 —— 左颈总动脉
右颈静脉 —— 主动脉弓
右锁骨下动脉 —— 左锁骨下动脉
右锁骨下静脉 —— 肺动脉
前大静脉 —— 肺静脉
后大静脉 —— 左心室
半奇静脉 —— 背大动脉
奇静脉 —— 肋间动脉
肝静脉 —— 腹腔动脉
—— 肠系膜前动脉
—— 肾动脉
肾静脉 —— 肠体系膜后动脉
生殖腺静脉 —— 生殖腺动脉
髂外静脉 —— 髂总动脉
髂内静脉 —— 股动脉
股静脉 —— 尾动脉

图 12 - 3 兔的主要动静脉（腹面观）（自姜乃澄等）

的动脉，称为背大动脉。一般情况下大动脉弓分出 3 支大动脉、最右侧的称为无名动脉，中间的为左总颈动脉，最左侧的为左锁骨下动脉。但不同个体大动脉弓的分支情况有所不同。

右锁骨下动脉：到达腋部时可成为腋动脉，伸入上臂后形成右肱动脉。

右总颈动脉：沿气管右侧前行至口角处，分为内颈动脉和外颈动脉。内颈动脉绕向外侧背方，但其主干进入脑颅，供应脑的血液。另有一小分支分布于颈部肌肉。外颈动脉的位置靠内侧，前行分成几个小支，供应头部颜面部和舌的血液。

左总颈动脉：分支与右总颈动脉相同。

左锁骨下动脉：分支情况与右锁骨下动脉相同。

肋间动脉：背大动脉经胸腔时分出若干成对的小动脉，与肋骨平行，分布于胸壁上。肋间静脉和肋间神经与肋间动脉相伴行。

腹腔动脉：将腹腔中的内脏推向右侧。可见背大动脉进入腹腔后，立即分出一大支血管，即腹腔动脉。此动脉前行 2cm 左右分成两支，一支到胃和脾，成为胃脾动脉；另一支至胃、肝、胰和十二指肠，称胃肝动脉。

前肠系膜动脉：位于腹腔动脉的下面，由前肠系膜动脉再分支至小肠和大肠（直肠除外）以及胰腺等器官上。

肾动脉：1 对。右肾动脉在上肠系膜动脉的上方，左肾动脉在上肠系膜动脉的下方。

后肠系膜动脉：为背大动脉后端向腹面偏右侧伸出的 1 支小血管，分布至降结肠和直肠上。

生殖腺动脉：1 对。雄性分布到睾丸上，雌性分布到卵巢上。

腰动脉：由背大动脉发出，共 6 条，进入背部肌肉。观察时应先将背大动脉两侧的结缔组织和脂肪分离开，再用大镊子轻轻托起背大动脉即可看到。

总髂动脉：在背大动脉后端。左右分为两支，称总髂动脉。每侧的总髂动脉又分出外髂动脉和内髂动脉。外髂动脉下行到后肢，在股部开始易名为股动脉。内髂动脉是总髂动脉内侧的一条细小分支，分布到盆腔、臀部及尾部。

尾动脉：在背大动脉的最后端，从背侧分出一细小动脉通入尾部。

（3）静脉系统。哺乳动物的静脉系统主要有 1 对前大静脉和 1 条后大静脉，汇集全身的静脉血返回右心房。根据教科书上家兔的循环系统模式图进行观察。围心腔位于胸腔中央。用镊子提起膜，用小剪刀细心地剪开围心腔，观察心脏及其周围的血管。心脏肌肉壁最厚的地方是心室，心室上面的两侧为心房。

前大静脉：分左右两支，位于第 1 肋骨的水平处，汇集锁骨下静脉和总颈静脉的血液，向后行进入右心房。

锁骨下静脉：分左右两支，很短，自第 1 肋骨和锁骨之间进入胸部。此静脉主要收集由前肢和胸肌返回心脏的血液，在第 1 肋骨前缘汇集总颈静脉以后，形成前大静脉。

总颈静脉：1 对，短而粗，分别由外颈静脉和内颈静脉汇合而成，主要收集头部的血液返回心脏。

颈外静脉：分左右两支，位于表层，较粗大，汇集颜面部和耳廓等处的回心血液。

颈内静脉：分左右两支，位于深层，细小、汇集脑颅、舌和颈部的血液流回心脏。内颈静脉在锁骨附近与外颈静脉汇合形成总颈静脉，再与锁骨下静脉汇合，形成前大静脉。

奇静脉：1 条，位于胸腔的背侧，紧贴胸主动脉和脊柱的右侧。此血管为右后主静脉的残余，主要收集肋间静脉的血液，汇入右前大静脉。

后大静脉：收集内脏和后肢的血液回心脏，注入右心房。在注入处与左右前大静脉汇合。

肝静脉：来自肝脏的短而粗的静脉，共 4~5 条。此血管出肝后，在横膈后面汇入后大静脉。

肾静脉：1 对，来自肾脏。右肾静脉高于左肾静脉。

腰静脉：6 条，较细小，收集背部肌肉的血液进入后大静脉。

生殖腺静脉：1 对，雄体来自睾丸，雌体来自卵巢。右生殖腺静脉注入后大静脉；左生殖腺静脉注入左肾静脉（或左髂腰静脉）。

髂腰静脉：1 对，较细，位于腹腔后端。分布于腰背肌肉之间，收集腰部体壁的血液注入后大静脉。

总髂静脉：总髂静脉分为左右两支，分别收集左右后肢的血液，最后汇集入后大静脉。

（4）肝门静脉。肝门静脉汇合内脏各器官的静脉进入肝脏（收集胰、脾、胃、大网膜、小肠、盲肠、结肠、胃的幽门及十二指肠等的血液）。

6. 神经系统（图 12 - 4）

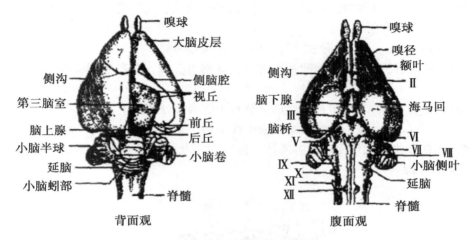

图 12 - 4　兔脑（自黄诗笺等）

（1）剥脑。取经盐酸软化过的家兔头，于 1~2 颈椎处切断，使枕骨大孔露出，然后自枕骨大孔开始用剪刀及饨头镊子将头顶骨片逐一剥离。注意紧贴于骨片内面之坚韧脑膜即为硬脑膜。在剥离至小脑处，可用剪刀将延骨的顶部水平向剪去。下面露出小脑卷时，再扩展开口，将小脑完整地剥出。在剥至脑下垂体处时应十分小心，脑下垂体与漏斗之间相连处非常狭窄、夹在骨中间，因此，在剥离此处时应注意一小片一小片地剪去四周的骨片，遇狭窄处骨片时，用眼科剪、镊为好。残留于脑下垂体周围的碎骨，可将脑取下后再细心分离。要注意大脑最前嗅球的剥离，此处如不小心也易断裂。取下脑时特别注意脑神经，应慢慢抬起延脑，伸进解剖剪剪断脑神经（要尽量保留一段脑神经在脑上，以便观察）。最后，将兔脑完全地取下并置于解剖盘中，加入清水以免干燥。

（2）脑的背面观。脑膜：脑膜共分 3 层。最外层硬脑膜，紧贴骨片上，白色较坚韧。中层蛛网膜，仅在脑沟处可看到。内层软脑膜随沟下陷，极薄而紧贴于脑上。

嗅叶：1 对，位于大脑之前端。

大脑半球：占全脑的大部分。其表面没有褶皱。对比观察狗的脑标本，认出脑的沟与回。两大脑半球之间有一纵裂，在纵裂的后端可看到由间脑发出的松果体。在大脑与间脑之间，有间脑背壁的前脉络丛。

中脑：将大脑与小脑相接处轻轻分开，可见中脑，包含 4 个丘状隆起即四叠体。

小脑：紧接大脑之后。可分为 3 部分，即中间的小脑蚓部和两侧的小脑半球。

延脑：将小脑稍提起，即可见到延脑背壁的后脉络丛。其下为第四脑室。

（3）脑的腹面观。嗅神经（Ⅰ）：由鼻腔的嗅黏膜发出，连于嗅球上。

视神经交叉（Ⅱ）：位于间脑腹面，为 1 对粗大的视神经。

动眼神经（Ⅲ）：位于脑下垂体后方，分布于眼肌。

滑车神经（Ⅳ）：很细小。从中脑侧壁伸出，分布于眼肌。

三叉神经（Ⅴ）：从脑桥后缘两侧伸出，分布于眼眶壁和上下颌。

外展神经（Ⅵ）：沿延脑腹面中线向前伸、分布于眼肌。

面神经（Ⅶ）及听神经（Ⅷ）：位于三叉神经之后，每侧有3根神经发出，前1根为面神经，后2根为听神经。

舌咽神经（Ⅸ）：在听神经之后，分布于舌肌和咽部。

迷走神经（Ⅹ）：紧接在舌咽神经之后，基部有数根，分布于咽、喉、气管及内脏器官。

副神经（Ⅺ）：位于迷走神经之后，分布于咽喉等处肌肉上。

舌下神经（Ⅻ）：位于延脑后端腹面中线两侧，副神经之内后侧，分布于舌肌。

（4）脑的正中矢状切面观。胼胝体：是一宽带状横行的神经纤维束，连接左右两大脑半球（图12-5）。

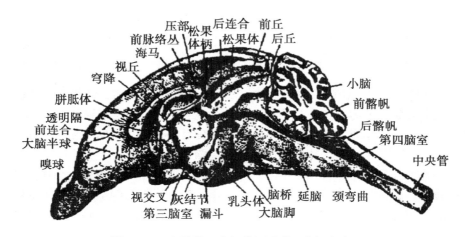

图12-5　兔脑的正中矢状切面观（自杨安峰）

侧脑室：由胼胝体处向内陷入的空腔即为侧脑室。

第三脑室（间脑室）：为前连合之后一狭窄的腔。

大脑导水管：为已被切开中脑中间的空隙，沟通第三与第四脑室。

小脑：由切面上可看到小脑灰质中有白质深入，构成髓树。

第四脑室：为延脑中的空隙，上面覆盖着后脉络丛。

7. 骨骼系统（图12-6）

观察家兔的整架骨骼标本，区分其中轴骨骼、带骨及四肢骨骼，了解其基本组成和大致的部位。然后再仔细辨认各部分的主要骨骼，并掌握其重要的适应性特征。注意保护骨骼标本，不要用铅笔等在骨缝等处画记，不要损坏自然的骨块间的联结。

（1）中轴骨骼。兔的中轴骨骼由脊柱、胸廓和头骨构成。

①脊柱：兔的脊柱大约由46块脊椎骨组成。可分为5部分，即颈椎、胸椎、腰椎、荐椎和尾椎。

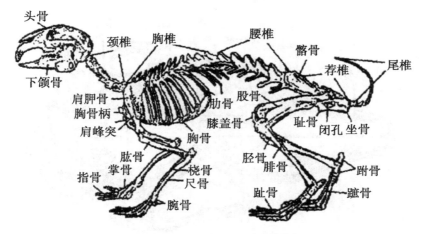

图 12 - 6　兔的骨骼（自黄诗笺等）

椎体：哺乳类的椎体为双平型，呈短柱状，可承受较大的压力，椎体之间具有弹性的椎间盘。

椎弓：位于椎体背方的弓形骨片，内腔容纳脊髓。

椎棘：椎弓背中央的突起，为背肌的附着点。

横突及关节突：横突为椎弓侧方的突起，其前后各有前、后关节突，与相邻椎骨的关节突相关节。

肋骨关节炎面：胸椎的横突末端有关节面与肋骨结节相关节。相邻椎骨的椎体共同组成一个关节面与肋骨小头相关节。因而肋骨与脊椎之间具有双重联结。

胸椎：特点是背面的椎棘高大，腹侧与肋骨相连。

腰椎：12～15 枚。在椎骨中显得最为粗壮。横突发达并斜向前下方。

荐椎：由 4 个椎骨组成，构成愈合荐骨。愈合荐骨藉宽大的关节面与腰带相关节。

尾椎：由 15～16 块椎骨组成。前面数枚尾椎具有椎管，以容纳脊髓的终丝，后面的尾椎仅有椎体，呈圆柱状。

②胸廓：胸廓由胸推、肋骨及胸骨构成。家兔的肋骨共有 12～13 对。前 7 对直接与胸骨相连的为真肋，后面不与胸骨直接连接的为假肋。从胸椎前部任取 1 枚肋骨观察，可见上段骨质肋骨藉两个关节与胸椎相关节，下段藉软骨与胸骨联结，胸骨构成胸廓的底部，由 6 枚骨块组成。最前边的 1 块为胸骨柄；最后面的 1 块胸骨与一软骨板相联结，称为剑突；位于胸骨柄和剑突之间的各块胸骨统称为胸骨体。

③头骨：哺乳动物头骨骨块数目减少，愈合程度很高。取一头骨标本对照教材上的插图，从后方向前顺序观察（图 12 - 7，12 - 8，12 - 9）。

后部：环绕枕骨大孔的为枕骨，系由基枕骨、上枕骨及左右外枕骨愈合而成。枕骨两侧各具有 1 个枕骨骨髁，与寰椎相关节。枕骨大孔为脊髓与延髓的通路。

上部：自后向前分别由间顶骨、顶骨、额骨和鼻骨所构成。间顶骨位于上枕骨的前方中央，前接 1 对顶骨。家兔的间顶骨较小。顶骨、额骨和鼻骨均为成对的片状骨。鼻骨较长，其所覆盖的腔为鼻腔。前端的开口为外鼻孔。

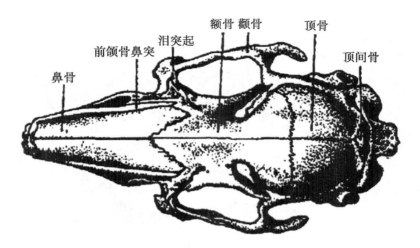

图 12 – 7 兔头骨（背面观）（自杨安峰）

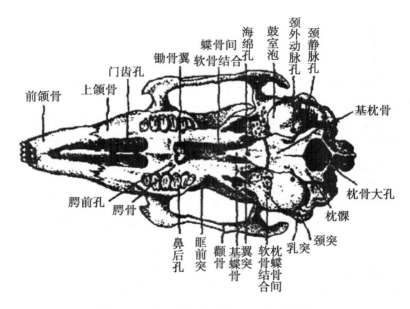

图 12 – 8 兔头骨（腹面观）（自杨安峰）

底部：自后向前依次为枕骨基底部（基枕骨）、基蝶骨、前蝶骨（两侧尚有翼骨突起）、腭骨、颌骨和前颌骨。基蝶骨呈三角形，位于基枕骨的前方。前蝶骨细长，位于基蝶骨的前腹面中央。腭骨位于前蝶骨的两侧，其前方与颌骨相接。

侧部：在外枕骨前方可见一块大型的骨片。称为颞骨。它是由鳞骨、耳囊（构成骨的岩状部，在矢状切开的头骨才能见到）以及鼓骨等所愈合成的复合性骨。颞骨向前生有颧突，与颧骨相关结。颞骨腹面的关节面，与下颌（齿骨）相关节。试思考这种关节特点与低等陆栖动物有何不同？对咀嚼有何意义？颧骨前方与上颌骨的颧突相关结。颞骨、颧骨和颌骨构成哺乳类特有的颧弓，为支配下颌运动的咀嚼肌的附着处。颞

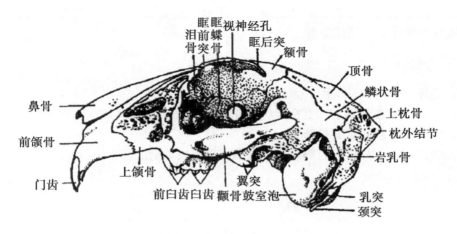

图 12 - 9 兔头骨（左侧面观）（自杨安峰）

弓内侧还是附着于颞骨上的、支配下颌运动的颞肌穿行处。

颧骨前上方所见的凹窝即为眼窝（眼眶）。泪骨和蝶骨构成眼窝的前内壁，其余部分均为附近的骨骼突起所形成，不须细看。上颌骨与前和颌骨构成头骨前方部分，臼齿及前臼齿即着生在上颌骨上。门牙（前后着生，共 2 对）着生于前颌骨上。

取沿纵轴锯开的头骨标本，观察内部骨块的结构，可明显地看到前半的颜面部与后半的颅腔部。颜面部中卷曲的多层薄骨片，即为鼻甲骨。颅腔内容纳脑髓。在颅腔底部后面的圆形骨即为颞骨的岩状部。它是由耳囊组成的，在哺乳类与鳞骨愈合成复合骨的一部分。岩状部骨块内藏有听觉及平衡器官。其外侧紧临鼓骨、中耳腔内有 3 块听骨（锤骨、砧骨、镫骨）。在颜面部尚可见中线处的垂直薄片骨，即鼻中隔，它是由下方的犁骨与上方的中筛骨所构成。在颜面部与颅腔部交界处，可见带许多小孔的隔板，即筛骨。嗅神经即从这里穿过，将嗅黏膜感受到的嗅觉信号传入大脑嗅叶。

下颌骨：由单一的齿骨组成。在其升支上有关节面与颞骨相关节。猫的头骨与兔的头骨相比，在结构上有何异同？根据观察的结果，写出它们各自的齿式。

（2）带骨和肢骨。

①肩带和前肢骨：肩带由肩胛骨和锁骨组成。肩带骨为一较大的三角形骨片，其前端的凹窝即为肩臼，与前肢的肱骨相关节。肩臼上方可见一小而弯的突起，称乌喙突。它相当于低等种类乌喙骨的退化痕迹。肩胛骨背方的中央隆起称为肩胛嵴，是前肢运动肌肉所附着的地方。兔的锁骨退化成 1 个小薄骨片，两端各以韧带连于胸骨柄和肱骨之间。

前肢骨骼由肱骨、桡骨、尺骨、腕骨、掌骨及指骨组成。

②腰带及后肢骨：腰带由髂骨、坐骨和耻骨愈合而成的无名骨构成。3 块骨所构成的关节窝称髋臼，与后肢的股骨相关节。髂骨以粗大的关节面与脊柱的荐骨相联结。左右耻骨在腹中线处联合，称耻骨联合。由耻骨、坐骨及髂骨所构成的骨腔为盆腔。消化、泌尿及生殖管道均从盆腔穿过而通体外。位于每侧坐骨与耻骨中间的圆孔，称为闭孔，可供血管和神经通过。

后肢骨骼由股骨、胫骨、腓骨、跗骨、跖骨、趾骨组成。胫骨较腓骨大且长。此外，在股骨下端还有一块膝盖骨。

四、实验报告

（1）绘制家兔内部结构图，并注明主要器官名称。

（2）哺乳动物在骨骼系统上有哪些适应陆地快速运动的特征？

（3）绘制家兔脑的腹面外形图。

（4）通过对家兔外形和内部结构的观察，理解哺乳纲的进步性特征。

第二篇

动物分类篇

实验十三　鱼纲分类

鱼类是以鳃呼吸、用鳍运动和以颌摄食的变温水生脊椎动物。除极少数地区外，由海拔6 000m的高原溪流到洋面以下的万米深海，都有鱼类存在。它们在长期的进化过程中，经历了适应辐射阶段，演变成种类繁多、生活方式迥异的24 000多种，成为脊椎动物中种类最多的一个类群。我国有鱼2 800多种。

一、目的和内容

（一）目的

（1）学习鱼纲分类的基本知识，初步学会鱼类鉴定的方法和分类特征。
（2）了解鱼纲各重要目的主要特征，认识一些常见的代表种类。

（二）内容

（1）观察鱼类各主要目的基本特征及主要区别。
（2）由教师指定数种鱼类标本，根据它们的形态特征，按检索表的顺序检索，鉴定它们属于哪个目。

二、实验材料和用品

鱼类各目代表种的浸制标本。
解剖器、蜡盘、直尺等。

三、实验操作及观察

按照一般简化学习内容考虑，鱼纲可划分为软骨鱼类和硬骨鱼类两大类。软骨鱼类分为全头亚纲和板鳃亚纲，而硬骨鱼类分为腔棘鱼亚纲、肺鱼亚纲和辐鳍亚纲。

（一）软骨鱼类（Chondrichthyes）

内骨骼为软骨的海生鱼类；体被盾鳞；鳃裂4~7对、多直接开口于体表。尾常为歪形尾。无鳔。肠内具螺旋瓣。雄性具有鳍脚，体内受精。我国有260多种，分为全头亚纲和板鳃亚纲。

1. 全头亚纲（Holocephali）
头大而侧扁，尾细，体表光滑无盾鳞。上颌与脑颅愈合。4对鳃裂，鳃腔外被一膜质鳃盖，后具一鳃孔通体外。背鳍两个，第一背鳍有一强大硬棘能竖立。雄性除腹鳍内侧的鳍脚外，还有一对腹前鳍脚及一个额鳍脚。无泄殖腔，以泄殖孔和肛门通体外。全世界只有一个目，即银鲛目。

黑线银鲛（*Chimaera phantasma*）：属银鲛目、银鲛科。俗称海兔子。体侧向后细小。口腹位，上颌与脑颅愈合。外鳃孔 1 对，位于胸鳍基部前方。无喷水孔。背鳍 2 个，以一低膜相连。第一背鳍具 1 硬棘，后缘上部具锯齿；第二背鳍延长低平，后缘圆形，与尾鳍上叶以一凹刻相隔。胸鳍宽大。尾鳍鞭状。体银灰色。头的上部、背鳍上部、背侧上部及侧线暗褐色；侧线下方胸鳍与腹鳍之间具 1 黑色纵带。

2. 板鳃亚纲（Elasmobranchii）

板鳃亚纲体呈梭形或盘形。鳃孔 5～7 对，各自开口于体外而无鳃盖。上颌不与颅骨愈合。观察板鳃亚纲常见鱼类标本，识别其主要分类特征，使用下列检索表检索至目。

板鳃亚纲主要目检索表

1. 眼侧位，鳃裂开口于头的两侧；胸鳍正常，与体侧和头不愈合 ················ 2
   眼侧位，鳃裂开口于头的腹面；胸鳍与头和体侧愈合 ······················ 7

2. 鳃裂 6～7 个；背鳍 1 个 ···························· 六鳃鲨目 Hexanchiformes
   鳃裂 5 个，背鳍 2 个 ·· 3

3. 具臀鳍 ··· 4
   无臀鳍 ··· 6

4. 两背鳍均具 1 硬棘 ····························· 虎鲨目 Heterodontiformes
   两背鳍均无棘 ··· 5

5. 眼无瞬膜或瞬褶 ································· 鼠鲨目 Lamniformes
   眼具瞬膜或瞬褶 ······························· 真鲨目 Carcharhiniformes

6. 体不平扁；胸鳍正常；吻很长，呈剑状突起，两侧具锯齿
   ································· 锯鲨目 Pristiophoriformes
   体平扁；胸鳍扩大，向头侧延伸；鳃裂扩大，下半部转入腹面
   ····································· 扁鲨目 Squatiniformes

7. 头与胸鳍之间具有发达器官，体盘卵圆形，吻圆，不突出
   ································· 电鳐目 Torpediniformes
   头与胸鳍之间无发电器官，体一般呈菱形，吻部前端形成一突起 ·········· 8

8. 吻突出，呈剑状，两侧具竖大吻齿，使吻呈锯状 ········· 锯鳐目 Pristiformes
   吻正常，两侧无吻齿 ·· 9

9. 尾部粗，具尾鳍；背鳍两个 ···································· 10
   尾部细小，呈鞭状；背鳍只一个或缺少 ············· 鲼目 Myliobatiformes

10. 腹鳍前部分化为足趾状构造 ························· 鳐目 Rajiformes
    腹鳍正常，前部不分化为足趾状 ··············· 犁头鳐目 Rhinobatiformes

常见种类介绍：

扁头哈那鲨（*Notorynchus platyccephalus*）：属六鳃鳖目、六鳃鲨科。体长 2～3m，灰褐色，具不规则黑色斑点，腹部浅褐色。鳃孔 7 对，最后 1 对位于胸鳍基前方。背鳍 1 个，位于体后方。尾鳍长。下颌每侧有齿 6 枚，齿扁呈梳状，有 5～6 个齿尖。

皱唇鲨（*Triakis scyllium*）：属真鲨目、皱唇鲨科。牙齿细小，排列紧背鳍基底的后半部相对。体背侧面灰褐色，腹面灰白色，具有 9 道浅白色环带。尾细长。

锤头双髻鲨（*Sphyrna zygaena*）：属真鲨目、双髻鲨科。头平扁，前部两侧扩展成槌状突出，眼位于头侧前部。吻前缘波曲状，中间凹入。口弧形，口宽小于吻长。喷水孔消失。鼻孔端位。

短吻角鲨（*Squalus brevirostris*）：属角鲨目、角鲨科。吻短而钝圆，鼻孔近吻端。鳃裂位于胸鳍基部前方。背鳍 2 个，各具 1 硬棘。腹鳍距第一、第二背鳍约相等。胸鳍后缘深凹，后角尖突。尾鳍上方具 1 凹洼，尾鳍下叶近尾端处无缺刻。尾柄下侧有 1 皮褶。

宽纹虎鲨（*Heterodontus japonicus*）：属虎鲨目、虎鲨科。体上暗红色密，三齿尖型。唇褶发达。第二背鳍起点前于臀鳍起点，臀鳍基底与第二条纹较宽，在头后宽狭纹交叠。头形钝。鳃裂 5 对。背鳍 2 个，前方 1 个具硬棘；臀鳍起点稍后于第二背鳍基底，臀鳍距尾基等于臀鳍基底长 1.3～1.7 倍；腹鳍近方形，鳍脚粗大，圆管形；胸鳍大；尾鳍短，帚形，尾椎轴略上翘，上叶很发达。

孔鳐（*Raja porosa*）：属鳐形目、鳐科。俗称老板鱼。体平扁，体盘略圆形或斜方形，体盘宽度大于体盘长度。尾平扁狭长，侧褶发达。尾上有结刺，雄性成体 3 纵行，雌性成体 5 纵行，幼体，纵行；头后结刺 1～3 个，第一结刺前方正中具黏液孔一纵群。腹面腹腔两侧各具黏液孔一横群。背部褐色，腹部淡白色。

中国团扇鳐（*Platyrhina sinensis*）：属鳐形目、团扇鳐科。体平扁如扇形，体盘宽大于体盘长。尾平扁，粗大而长，每侧具一皮褶。体背部中央自头后至第 2 背鳍前方有一纵行结刺，每侧肩区也有 2 对结刺。第一背鳍起点距腹鳍基较距尾基为近。尾鳍小，上下叶相等。

许氏犁头鳐（*Rhinobatos schlegeli*）：属鳐形目、犁头鳐科。体平扁而延长，体盘后大前尖，呈犁头形，体盘宽度明显小于体盘长度。体褐色，无斑纹，具细小鳞片，腹面白色，体背面正中及眼眶上结刺弱小。吻前部有一黑斑；吻长而钝尖。

赤魟（*Dasyatis akajei*）：属鲼形目，魟科。身体极扁平，体盘近圆形，宽大于长。吻宽而短，吻端尖突。尾前部宽扁，后部细长如鞭，其长为体盘长的 2～2.7 倍，在其前部有 1 根有锯齿的扁平尾刺，尾刺基部有一毒腺。在尾刺之前有一纵行结刺。体盘背面赤褐色，边缘略淡；眼前外侧、喷水孔内缘及尾两侧均呈橘黄色，体盘腹面乳白色，边缘橘黄色。无背鳍和臀鳍，腹鳍小。

（二）硬骨鱼类（Osteichthyes）

骨骼大多由硬骨组成；体被硬鳞、圆鳞或栉鳞。鼻孔位于吻的背面。鳃间隔退化，鳃丝直接长在鳃弓仁；鳃裂 4 对，不直接开口于体外。鳃腔外有骨质鳃盖保护。鳍的末端生有骨质鳍条，大多为正型尾。通常有鳔，肠内大多无螺旋瓣，生殖腺壁延伸为生殖导管，两者直接相连。多数体外受精。包括腔棘鱼亚纲、肺鱼亚纲和辐鳍亚纲。

1. 腔棘鱼亚纲（Coelacanthimorpha）

脊索发达，无椎体，头下有一块喉板，无内鼻孔，鳔退化。体被圆鳞。偶鳍为原鳍型，基部有一多节的中轴骨支持，且在鳍基部有较发达的肌肉，外被有鳞片，呈肉叶状。

2. 肺鱼亚纲（Dipnoi）

大部分骨骼为软骨；.无次生颌；终生保留发达的脊索，脊椎骨无椎体，仅有椎弓和脉弓。肺鱼有内鼻孔通口腔；鳔有鳔管与食管相通，有丰富的血管供应，能执行肺的功能。偶鳍内具双列式排列的鳍骨；有高度特化而适应于压碎无脊椎动物甲壳的齿板。肠内具螺旋瓣。尾鳍为原尾型。

3. 辐鳍亚纲（Actinopterygii）

骨骼一般为硬骨，体多被骨鳞，少数种类为硬鳞或无鳞。鳃间隔退化，有骨质鳃盖，外鳃孔1对。鳍有骨质鳍条支持。尾多为正型尾。辐鳍亚纲种类极多，占现存鱼类总数的90%以上，是鱼类中数量最多的一个类群。我国产有8总目26目。观察辐鳍亚纲常见的鱼类标本。识别其主要的分类特征，选取部分种类使用下列检索表检索至目。

辐鳍亚纲主要目检索表

1. 体被硬鳞或裸露；歪尾型 ……………………………… 鲟形目 Acipenseriformes

   体被圆鳞、栉鳞或裸露；正尾型 …………………………………………… 2

2. 体呈鳗形 ……………………………………………………………………… 3

   体呈非鳗形 …………………………………………………………………… 4

3. 左右鳃孔在喉部相连为一；无偶鳍，奇鳍也不明显

   …………………………………………………… 合鳃目 Synbranchiformes

   左右鳃孔不相连；无腹鳍 …………………………… 鳗鲡目 Anguilliformes

4. 背鳍无真正的鳍棘 …………………………………………………………… 5

   背鳍具鳍棘 …………………………………………………………………… 13

5. 腹鳍腹位，背鳍1个 ………………………………………………………… 6

   腹鳍亚胸位或喉位；背鳍2～3个 ………………………………………… 12

6. 上颌口缘由前颌骨和上颌骨组成 …………………………………………… 7

   上颌口缘由前颌骨组成 ……………………………………………………… 8

7. 无脂鳍；无侧线 ……………………………………………… 鲱形目 Clupeiformes

   一般有脂鳍；有侧线 ……………………………………… 鲑形目 Salmoniformes

8. 体无侧线，每侧具鼻孔2个，鳍无鳍棘，背鳍1个

   …………………………………………………… 鳉形目 Cyprinodontiformes

   体具侧线 ……………………………………………………………………… 9

9. 侧线位低，沿腹缘后行；腹鳍腹位，背鳍与臀鳍多后位

   …………………………………………………………… 颌针鱼目 Beloniformes

   侧线正常，沿体两侧后行 …………………………………………………… 10

10. 通常两颌无齿，具咽喉齿；无脂鳍；有顶骨和下鳃盖骨

   …………………………………………………………… 鲤形目 Cypriniformes

   两颌具齿，一般具脂鳍 ……………………………………………………… 11

11. 体被骨板或裸露无鳞；具口须；两颌具齿 ………………… 鲶形目 Siluriformes

   体被圆鳞；无口须，具脂鳍和发光器 ……………… 灯笼鱼目 Myctophiformes

12. 体侧有银色纵带；背鳍2个，第一背鳍由不分支的鳍条组成

　　　………………………………………… 银汉鱼目 Atheriniformes

　　体侧无银色纵带；腹鳍亚胸位或喉位；背鳍1～3个 ……… 鳕形目 Gadiformes

13. 胸鳍基部呈柄状；鳃孔位于胸鳍基底后方 ………… 鮟鱇目 Lophiiformes

　　胸鳍基部非柄状；鳃孔位于胸鳍基底前方 ……………………… 14

14. 吻延长呈管状，边缘无锯齿状缘 ………… 刺鱼目 Gasterosteiformes

　　吻不延长呈管状 ……………………………………………… 15

15. 腹鳍一般缺失，上颌骨与前颌骨愈合 ………… 纯形目 Tetraodontiformes

　　腹鳍一般存在，上颌骨不与前颌骨愈合 ……………………… 16

16. 腹鳍具鳍棘1根和5根以上鳍条 ……………………………… 19

　　腹鳍具1～17根鳍条 ………………………………………… 17

17. 颌无齿；体被圆鳞；腹鳍无鳍棘 ………… 月鱼目 Lampridiformes

　　两颌具齿 ……………………………………………………… 18

18. 尾鳍主鳍条18～19；臀鳍一般具3根鳍棘 ………… 金眼鲷目 Beryciformes

　　尾鳍主鳍条10～13；臀鳍一般具1～4根鳍棘 ………… 海鲂目 Zeiformes

19. 腹鳍腹位或亚胸位；2个背鳍分离较远 ………… 鲻形目 Mugiliformes

　　腹鳍胸位；2个背鳍接近或相连 ……………………………… 20

20. 成体左右不对称，两眼位于头的同一侧 ………… 鲽形目 Pleuronectiformes

　　成体对称，两眼位于头的两侧 ……………………………… 21

21. 第二眶下骨不后延为一骨突，不与前鳃盖骨相接 ………… 鲈形目 Perciformes

　　第二眶下骨后延为一骨突，与前鳃盖骨相接 ………… 鲉形目 Scorpaeniformes

常见种类介绍：

（1）鲟形目（*Acipenseriformes*）。体呈纺锤形，体裸露或被硬鳞。歪形尾。仅尾上具背鳍。吻发达，口下位。

中华鲟（*Acipenser sinensis*）：体被5纵行大型骨板。口前具4条触须，口下位，横裂。背鳍位于腹鳍后方，有喷水孔。国家1级保护动物。

白鲟（*Psephurus gladius*）：头部特别长，占体长的1/3。吻延长，呈剑状，其腹面具短须1对。口大，下位，弧形，上、下颌具细齿。体表光滑无鳞，尾鳍上叶有硬鳞。国家I级保护动物。

（2）鲱形目（*Clupeiformes*）。鳍无硬棘。背鳍1个。腹鳍腹位。偶鳍基有腋鳞。体表被圆鳞，无侧线。

鲥鱼（*Ilisha elongata*）：体长而宽，侧扁。口上位，下颌突出。体无侧线，全身被银白色薄圆鳞，易脱落；腹缘有锯齿状棱鳞36～42。头及体缘灰褐色，体侧为银白色，臀鳍基长，腹鳍很小，尾鳍叉状。

青鳞鱼（*Harengula zunasi*）：体侧扁，长椭圆形。头小，吻短。口小，前上位，下颌稍长于上颌。除头外，体被大而薄的圆鳞，排列稀疏，易脱落，腹缘有锯齿状棱鳞。

无侧线。背鳍与腹鳍相对。头及背侧灰黑色，腹侧银白色。

鲥鱼（*Macrura reevesii*）：体呈长椭圆形，侧扁。口端位。上颌骨正中有一显著凹陷。具脂眼睑。腹部有大型锐利的棱鳞，排列成锯齿状。腹鳍小，尾鳍深叉形。偶鳍基部有腋鳞。

凤鲚（*Coilia mystus*）：又名凤尾鱼。体侧扁而长，向尾端逐渐变细。体被圆鳞，腹部棱鳞显著。上颌骨延长到胸鳍基部。臀鳍长，与尾鳍相连，胸鳍上部有6个游离的丝状鳍条。

（3）鳗鲡目（*Anguiliformes*）。体呈棍棒状。无腹鳍和鳍棘，背、尾、臀三种鳍连为一体不能区分。鳞细小或退化。变态发育。

鳗鲡（*Anguilla japonica*）：体延长成圆筒状，尾部稍侧扁。口大，端位，上下颌及犁骨均具尖细的齿。侧线完整；有胸鳍，奇鳍彼此相连，鳞小，埋于皮下呈线状。体背部灰黑色，腹部灰白或浅黄，无斑点。

（4）鲤形目（*Cypriniformes*）。背鳍1个，腹鳍腹位，各鳍无真正的棘，具假棘。体表被圆鳞或裸露。鳔有管，具韦伯氏器。多数种类具有咽齿而无颌齿。

青鱼（*Mylopharyngodon piceus*）：体长而略呈圆筒形，体背及体侧上半部青黑色，腹部灰白色，各鳍均呈黑色。头部稍平扁，吻尖，口端位，上颌较下颌长；无触须，下咽齿1行，呈臼齿状。肉食性，栖息在水的中、下层。

草鱼（*Ctenopharyngodon idellus*）：体略呈圆筒形。体呈茶黄色，背部青灰，腹部灰白，胸、腹鳍略带灰黄，其他各鳍浅灰色，鳍缘黑色。吻宽钝，口端位，无须，上颌略长于下颌。下咽齿2行，侧扁，呈梳状，齿侧具横沟纹。草食性，一般喜居于水的中下层和近岸多水草区域。

鲢鱼（*Hypophthalmichthys molitrix*）：俗称白鲢、鲢子。体侧扁，头较大，背部青灰色，两侧及腹部白色，各鳍色灰白；眼小，位置低。下咽齿1行，平扁成勺形，鳃耙呈海绵状，有螺旋形的鳃上器，鳞小。从胸部到肛门之间有发达的腹棱。主要以浮游生物为食，中、上层鱼类。

鳙鱼（*Aristichthys nobilis*）：俗称花鲢，胖头鱼。体侧扁，头极大，几乎占身体长度的1/3。吻宽，口大。鳃耙细密呈页状，但不联合，具螺旋形的鳃上器。眼小，位置偏低，无须，下咽齿1行，勺形，齿面平滑。腹棱不完全，仅腹鳍基部至肛门前有腹棱。胸鳍长，末端远超过腹鳍基部。背部及体两侧上半部微黑，体两侧有许多不规则黑色斑点，腹部银白色，鳞小。主要以浮游动物为食，中、上层鱼类。

鲤鱼（*Cyprinus carpio*）：体长而侧扁，腹部圆。背部黑色或黄褐色，侧线的下方近金黄色，腹部灰白色，尾鳍下叶常带橘红色。口端位，口须2对，咽喉齿3行，内侧的齿呈臼齿形。背鳍、臀鳍的棘刺后缘有锯齿。

鲫鱼（*Carassius auratus*）：体侧扁而高，体较厚，腹部圆。头小，吻短。无口须。鳃耙长，鳃丝细长。咽喉齿侧扁，1行。鳞片大。背鳍、臀鳍均有粗壮的、带锯齿的硬刺。体呈银灰色，背部较深，下部较白。

团头鲂（*Megalobrama amblycephala*）：俗称武昌鱼，团头鳊，平胸鳊。体高。侧扁，呈菱形。头小，口小，端位。腹棱自腹鳍至肛门。背鳍具硬棘而臀鳍无棘。咽喉齿

3 行，齿端呈小钩状。体背部青灰色，两侧银灰色，腹部银白，各鳍条灰黑色。

泥鳅（*Misgurnus anguillicaudatus*）：体细长，前端稍圆，后端侧扁。口小，下位，呈马蹄形。口须 5 对。鳞极小，圆形，埋于皮下。腹鳍短小，尾鳍圆形。体灰黑。并杂有许多黑色小斑点，体色常因生活环境不同而有所差异。

（5）鲇形目（siluriformes）。身体裸露，无鳞。有触须数对。两颌有齿，咽骨正常具细齿。一般有脂鳍，胸鳍和背鳍常有 1 强大的鳍棘。

鲇鱼（*Parasilurus asotus*）：即鲶鱼。身体腹鳍前比较圆胖，后部侧扁。头扁口阔，须 2 对，其中上颌须较长。无鳞。背鳍 1 个，甚小，呈丛状；臀鳍长，后端与尾鳍相连。体灰黑色，腹部白色。

黄颡鱼（*Pelteobagrus fulvidraco*）：俗称革牙。体前部平扁，后部侧扁。口下位。须扁长 4 对。体无鳞，侧线平直。背鳍和胸鳍均具强大棘，其后缘有锯齿，具脂鳍。体青黄色，腹部淡黄色，体侧具不规则的黑色斑块，鳍灰黑带黄色。

（6）鳕形目（Gadiformes）。体长形。被圆鳞。鳍无棘，腹鳍喉位。鳔无管。

鳕鱼（*Gadus macrocephalus*）又名大头鱼、明太鱼。体长形，稍侧扁。头大，口前位，颏部有 1 短须。体被细小圆鳞。背鳍 3 个，臀鳍 2 个，各鳍均无硬棘，完全由鳍条组成。头、背及体侧为灰褐色，并具不规则深褐色斑纹，腹面为灰白色。

（7）刺鱼目（Gasterosteiformes）。吻呈管状，口前位。许多种类被骨板。背鳍、臀鳍及胸鳍鳍条均不分支。背鳍 1~2 个，第一背鳍常由游离的硬鳍棘组成。

日本海马（*Hippocampu japonicus*）：体粗侧扁，完全包于骨环中。吻短。头部弯曲与体近直角，尾部细长呈四棱形，尾端细尖，可卷曲。无尾鳍，背鳍基部隆起。雄鱼尾部腹侧具育儿囊。

（8）合鳃目〔Synbranchiformes〕。体似鳗形。鳍无棘，背、尾和臀鳍连在一起，无偶鳍。无鳔。两鳃裂移至头的腹面，连在一起成 1 横缝。

黄鳝（*Monopterus albus*）：体长呈圆筒形，前段圆，光滑无鳞，体黄褐色。偶鳍缺失，背鳍、臀鳍退化仅留低皮褶，都与尾鳍相联合。鳃孔在腹面连合为一横裂，3 个鳃退化，口腔及咽喉的黏膜上富有血管，能进行空气呼吸。具有逆转现象。

（9）鲈形目（Perciformes）。鳞片多为栉鳞。腹鳍胸位或喉位，多为 1 鳍棘 5 鳍条。2 个背鳍，第一背鳍通常由鳍棘（有时埋于皮下或退化）组成，第二背鳍由鳍条组成。鳔无鳔管。鳃盖发达。

鲈鱼（*Lateolabrax japonicus*）：俗称花鲈、鲈花。体背侧为青灰色，腹侧为灰白色，体侧及背鳍鳍棘部散布着黑色斑点。体被栉鳞。侧线完全。口大，倾斜，下颌稍长于上颌。腹鳍位于胸鳍始点的稍后方。背鳍 2 个，在基部相连。

鳜鱼（*Siniperca chuatsi*）：又称桂花鱼。体侧扁而背部隆起。头大吻尖；口大，下颌突出，有锐齿。鳞为栉鳞。腹鳍胸位，背鳍前方有 12 条硬棘，臀鳍有 3 条硬棘，鳃盖骨后部有 2 棘。体黄绿色，腹部灰白色，体侧具有不规则的暗棕色斑点及斑块；自吻端穿过眼眶至背鳍前下方有一条狭长的黑色带纹，侧面有 2 条黑纵纹。

小黄鱼（*Pseudosciaena Polyactis*）：俗称黄花鱼。身体背侧黄褐色，腹侧金黄色，鳞片较大而稀少。尾柄长为尾柄高的 2 倍余。臀鳍第二鳍棘小于眼径。颌部具 6 个小孔。

大黄鱼（*Pseudosciaena crocea*）：又称大黄花鱼。体椭圆形，侧扁；背侧黄褐色，腹侧金黄色，各鳍黄色或灰黄色。鳞片较小。尾柄长为高的 3 倍余。臀鳍第二鳍棘等于或大于眼径。颌部有 4 个不明显的小孔。

真鲷（*Chrysophrys major*）：又名加吉鱼。体侧扁，呈长椭圆形。全身呈现淡红色，体侧背部散布着鲜艳的蓝色斑点。体被栉鳞。头大。口较小。两颌前端具 4~6 枚犬齿，两侧为 2 行臼齿。前鳃盖骨后半部具鳞。背鳍连续，鳍棘较强。臀鳍短，与背鳍鳍条部相对。

黑鲷（*Sparus macrocephalus*）：俗称黑加吉。体侧扁，呈长椭圆形。体青灰色，发银光。侧线起点处有黑斑点，体侧常有黑色横带数条。背鳍鳍棘强大，以第四或第五鳍棘最长。臀鳍起点在背鳍第二鳍条之下。

带鱼（*Trichiurus haumela*）：又名刀鱼。体银白色，呈长带状，尾部末端为细鞭状。口大，下颌长于上颌。齿发达，锐利。上颌前端的钩状大齿在闭口时可嵌入下颌窝内。下颌前端具大齿 2 枚，闭口时外露。侧线完全，在胸鳍处有一弧状弯曲折向腹部。臀鳍由无效短棘所组成，腹鳍退化为一对鳞状物。

银鲳（*Stromateoides argenteus*）：又称白鲳。体卵圆形，侧扁。头小，背面隆凸。吻短，体被细小圆鳞，侧线完全。体背部青灰色，胸、腹部银白色，全身具银色光泽并密布黑色细斑。无腹鳍；背鳍与臀鳍呈镰刀状；尾鳍深叉。成鱼背鳍鳍棘埋藏于皮下。

乌鳢（*Ophicephalus argus*）：俗称黑鱼、乌鱼。体细长，前部圆筒状，后部侧扁。头尖而扁平，有鳃上腔。背鳍、臀鳍均长，尾鳍圆形。体背部为黑色，腹部灰白色或浅黄色，体侧面有两条黑纹，奇鳍有黑白相间的花纹，偶鳍浅黄色，间有不规则的斑点，胸鳍基部有一黑色斑点。

四、实验报告

（1）分析鱼类形态特征的多样性与其生活习性之间的关系。

（2）根据教师所提供的鱼类标本，任选 8 种编写一份检索表。

实验十四　两栖纲和爬行纲分类

两栖纲是从水生开始向陆生过渡的一个类群，具有初步适应陆生的躯体结构，但大多数种类卵的受精和幼体发育需在水中进行。幼体用鳃呼吸，没有成对的附肢，经过变态之后营陆栖生活。这是两栖类区别于所有陆栖脊椎动物的根本特征。

爬行类是体被角质鳞片，在陆地繁殖的变温羊膜动物。古生代石炭纪末期，从古两栖类中演化出一支以羊膜卵繁殖的动物，从而获得了在陆地繁殖的能力，而且在防止体内水分蒸发以及在陆地运动等方面，均超过两栖类的水平，是真正陆栖脊椎动物的原祖，成为爬行动物。

一、实验目的和内容

（一）目的

了解目及重要科的特征；认识常见及有重要经济价值的种类；学习使用检索表进行分类鉴定的方法。

（二）内容

代表性及常见的两栖纲、爬行纲动物的识别；鉴定术语及侧量方法。

二、实验材料和用品

两栖纲及爬行纲代表种的浸制标本、剥制标本。

放大镜，解剖镜，解剖针，镊子，解剖盘，直尺，卡尺。

三、实验操作与观察

实验所用的浸制和剥制标本绝大多数均已改变原有色彩，为使学生认识动物的真实形态，可播放有关录像片、幻灯片。

（一）两栖动物的分类

1. 两栖类的外部形态及量度

（1）无尾两栖动物。

体长：自吻端至体后端

头长：自吻端至领关节后缘

头宽：左右领关节间的距离

吻长：自吻端至眼前角

鼻间距：左右鼻孔间的距离

眼间距：左右上眼睑内缘之间最窄距离

上眼睑宽：上眼睑最宽处

眼径：眼纵长距

鼓膜宽：最大直径

前臂手长：自肘后至第三指末端

后肢全长：自体后正中至第四趾末端

胫长：胫部两端间的距离

足长：自内跖突近端至第四趾末端

（2）有尾两栖动物。

体长：自吻端至尾末端

头长：自吻端至颈褶

头宽：左右颈褶的直线距离

吻长：自吻端至眼前角

眼径：与体轴平行的眼径长

尾长：自肛门后缘至尾末端

尾高：尾最高处的距离

2. 国内的有尾目各科检索

国内的有尾目各科检索表

1. 眼小，无眼睑；犁骨齿一长列，与上颌齿平行成弧形；沿体侧有纵肤褶

·· 隐鳃鲵科（Cryptobranchidae）

具眼睑；犁骨齿不成长弧形；沿体侧无纵肤褶 ······························· 2

2. 犁骨齿或成二短列，或成"U"字形 ····················· 小鲵科（Hynobiidae）

犁骨齿成"人"形 ·································· 蝾螈科（Salamandridae）

大鲵（*Andras davidianus*）属隐鳃鲵科。又名娃娃鱼，是我国二级保护动物，为现存最大的有尾两栖动物，最长可超过 1m。头平坦，吻端圆，眼小，口大，四肢短而粗壮。生活时为棕褐色，背面有深色大黑斑。

极北小鲵（*Salamandrella keyserlingii*）属于小鲵科。体较小，皮肤光滑，体侧的肋沟往下延伸至腹部。指、趾数均为 4 枚，无蹼。尾长短于头体长。

东方蝾螈（*Cynqs orientalis*）属蝾螈科。头扁吻钝，吻棱显著。四脚较长而纤弱，指、趾末端尖出，无蹼。尾略短于头体长。体背粗糙，具小庞粒。腹面朱红色，杂以棕黑色斑纹。全长不及 10cm。

3. 国内无尾目的分科检索

东方铃蟾（*Bomtnina orientalis*）属盘舌蟾科。鼓膜不存在，瞳孔三角形。体背有刺疣，上具角质细刺。背面呈灰棕色，有时为绿色。腹面具黑色、朱红色或橘黄色的花斑。

我国常见种类的分科检索

1. 舌为盘状，周围与口腔黏膜相连，不能自如伸出 ·········· 盘舌蟾科（Dlscoglossidae）
   舌不成盘状，舌端游离，能自如伸出 ·········· 2
2. 肩带弧胸型 ············· 3
   肩带固胸型 ············· 5
3. 上颌无齿，趾端不膨大，趾间具蹼，耳后腺存在，体表具疣
   ·········· 蟾蜍科（Bufonidac）
   上颌具齿 ············· 4
4. 趾端尖细，不具黏盘；耳后腺存在 ·········· 锄足蟾科（Pelobatidae）
   趾端膨大，成黏盘状；耳后腺缺，大部分树栖性 ·········· 雨蛙科（Hylidae）
5. 上颌无齿，趾间几无蹼，鼓膜不显 ·········· 姬蛙科（Microhylidae）
   上颌具齿，趾间具蹼，鼓膜明显 ············· 6
6. 趾端形直，或末端趾骨呈T字形 ·········· 蛙科（Ran! dae）
   趾端膨大呈盘状，末端趾骨呈Y字形 ·········· 树蛙科（Rhacophoridae）

　　大蟾蜍（*Bufo bufo*）属蟾蜍科。体长一般在10cm以上。体粗壮，皮肤极粗糙，全身分布有大小不等的圆形疣。耳后腺大而长。体色变异很大。

　　中国雨蛙（*Hyla chinensis*）又名华雨蛙，属雨蛙科。体细瘦，皮肤光滑。肩部具三角形黑斑，第3趾的吸盘大于鼓膜。生活时为绿色。体侧及股的前后缘均具有黑斑。

　　金线蛙（*Rana plancyi*）属蛙科。背面具侧皮褶。足跟不互交，大腿后面具明显的白色纵纹。生活时背面绿色，背侧褶及鼓膜棕黄色。

　　黑斑蛙（*Rana nigromaculata*）属蛙科，俗称青蛙。背面具侧皮褶。足跟不互交，但大腿后面不具白色纵纹。生活时背面为黄绿色或棕灰色，具不规则的黑斑。背面中央有1条宽窄不一的浅色纵纹。背侧褶处黑纹浅，为黄色或浅棕色。

　　棘胸蛙（*Paa spinosa*）蛙科，我国大型蛙种，雄体腹面肩带附近有棘刺。

　　棘腹蛙（*Paa boulengeri*）雄体腹面棘刺多在腹部。

　　中国林蛙（*Rana chinensis*）属蛙科。背面具侧皮褶。两后肢细长，两足跟可互交。两肋无明显黑斑。在鼓膜处有黑色三角形斑。体背及体侧具分散的黑斑点。四肢具清晰的横纹。

　　牛蛙（*Rana catesbeiaha*）属蛙科。体型特大，体长可达10～20cm。背棕色，皮肤较光滑。鼓膜大。产于北美洲，被很多国家引入进行人工养殖。

（二）爬行纲的分类

　　现在生存的爬行动物可分为喙头目、龟鳖目、有鳞目及鳄目。喙头目仅见于新西兰，其余各目检索如下。

　　1. 龟鳖目（Chelonia）龟鳖目体被背腹甲
　　大多为水生，但在陆上产卵。
　　棱皮龟（*Dermochelys coriacea*）二级保护动物，属棱皮龟科。无爪，背甲无角质板而具7纵棱。

我国常见科的检索

1. 附肢无爪；背甲无角质甲，而被以软皮，并具有纵棱；形大；海产
                 ·· 棱皮龟科（Dermochelyidae）
   附肢至少各具1爪；背甲纵棱至多3条，或不具棱 ·········· 2
2. 体外被以角质甲 ·· 3
   体外被以革质皮 ······································· 鳖科（Trionychidae）
3. 附肢呈桨状；趾不明显，仅具1～2爪，形大，海产 ········ 海龟科（Cheloniidae）
   附肢不呈桨状；趾明显，具4～5爪；非海产 ·········· 4
4. 头大；尾长，腹甲与缘甲间具缘下甲 ················ 平胸龟科（Platysternidae）
   头小；尾短，腹甲与缘甲相接，无缘下甲 ·············· 龟科（Testudinidae）

    玳瑁（*Eretmochelys imbricata*）二级保护动物，属海龟科。吻侧扁，上颌钩曲，额鳞两对，背甲共 13 块，缘甲的边缘具齿状突，幼时背面甲板呈覆瓦状排列。前肢有 2 爪。

    金龟（*Chinemys reevesii*）又名乌龟、草龟，属龟科。头颈后部被以细颗粒状的皮肤，背甲有 3 个脊状隆起。指、趾间全蹼。

    鳖（*Trionyx sinensis*）又名甲鱼、团鱼，属鳖科。背腹甲不具角质板，而被以革质皮肤，背腹甲不直接相连，具肉质裙边。

    大头平胸龟（*Platysternon megacephalum*）二级保护动物，头大，其宽度约为背甲宽的 1/2，不能缩入壳内。上下颚钩曲成鹰喙状，又名鹰嘴龟。

    2. 有鳞目（Squamata）

    此目后分为蜥蜴目和蛇目，主要区别见表 14 – 1。

表 14 – 1　蜥蜴目和蛇目的比较

特征	蜥蜴目	蛇目
附肢	大都存在	大都退化
眼	通常具动性眼睑	不具动性眼睑
下颌骨	左右互相固着	左右以韧带相连
鼓膜鼓室及咽鼓管	通常存在	均不发达
胸骨	有	无
尾生	尾长大于头体长	尾长短于头体长

    （1）蜥蜴目（Lacertiformes）与蛇目同构成最进化的爬行动物类群。

    壁虎（Gekko japonicus）又名守宫、多疣壁虎，属壁虎科。为原始的蜥蜴类，趾端具由鳞片构成的吸盘，瞳孔垂直，不具活动眼睑，身体被以小颗粒状的角质鳞。

    中国石龙子（*Eumeces chinensis*）属石龙子科。体形中等，四肢发达。体鳞圆而光滑，前后肢具 5 指（趾），尾基部粗壮。鼓膜下陷，耳孔明显。

    （2）蛇目（Serpentiformes）此亚目包含种类很多，在我国的南方，种类和数量均

我国蜥蜴目常见科检索

1. 头部背面无大形成对的鳞甲 ··· 2
   头部背面有大形成对的鳞甲 ··· 5
2. 趾端大，大多无动性眼睑 ································· 壁虎科（Gekkonidae）
   趾侧扁，有动性眼睑 ·· 3
3. 舌长，呈二深裂状；背鳞呈粒状；体形大 ········· 巨蜥科（Varanidae）
   舌短，前端稍凹；体形适中或小 ··· 4
4. 尾上具2个背棱 ·· 异蜥科（Xenosauridae）
   尾不具棱或仅有单个正中背棱 ····················· 鬣蜥科（Agamidae）
5. 无附肢 ··· 蛇蜥科（Anguidae）
   有附肢 ··· 6
6. 腹鳞方形，股窝或鼠蹊窝存在 ····················· 蜥蜴科（Lacertidae）
   腹鳞圆形，股窝或鼠蹊窝缺 ························· 石龙子科（Scincidae）

很多。

我国蛇目常见科检索表

1. 头、尾与躯干部的界限不分明；眼在鳞下，上颌无齿；身体的背、腹面均被有相
   似的圆鳞；尾非侧扁 ································ 盲蛇科（Typhlo pidae）
   头、尾与躯干部界限分明；眼不在鳞下，上下颌具齿；鳞多为长方形 ········· 2
2. 上颌骨平直；毒牙存在时恒久竖起 ··· 3
   上颌骨高度大于长度；具有能竖起的管状毒牙 ········· 蝰蛇科（Viperidae）
3. 颊沟存在 ··· 4
   颊沟缺 ·· 钝头蛇科（Amblycephalidac）
4. 前方上颌牙不具沟 ··· 5
   前方上颌牙具沟 ··· 7
5. 后肢退化为距状爪；头部背面被以大多数细鳞 ········· 蟒科（Boidae）
   后肢无遗留；头部背面被以少数大形整齐的鳞片 ························· 6
6. 额鳞后缘与成对顶鳞相接触 ····················· 游蛇科（Colubridae）
   额鳞后缘与单个形大的枕鳞相接触；背鳞较大，15行
   ·· 闪鳞蛇科（Xenopelddae）
7. 尾圆形 ··· 眼镜蛇科（Elapidae）
   尾侧扁 ··· 海蛇科（Hydropiidae）

　　蟒（*Python molurus*）属蟒科。是一种大型无毒蛇，身体背面和侧面具大斑纹。有明显的残留后肤痕迹。

　　蝮蛇（*Agkistrodon halys*）属蝰蛇科。体呈灰色，具大的暗褐色菱形斑纹。眼与鼻孔间具颊窝。头上有大而成对的鳞片。尾骤然变细。毒蛇。

　　火赤链蛇（*Dinodon rufozonatum*）属游蛇科。背面为黑红交错的横斑，腹面橙黄。

黑眉锦蛇（*Elaphe taeniurus*）属游蛇科。体青绿色，背面有 4 条黑色纵纹，腹部具明显黑斑。两眼后方有黑条纹。

眼镜蛇（*Naja naja*）属眼镜蛇科。背鳞不扩大，尾下鳞双行。颈部能扩大，背面呈现眼状斑。毒蛇。

银环蛇（*Bungarus multicinctus*）属眼镜蛇科。前沟牙毒蛇。背面黑色，间以白色横斑。

金环蛇（*Bungarus fasciatus*）属眼镜蛇科。前沟牙毒蛇。背面为黄黑相间的宽斑。

尖吻蝮（*Agkistrondon acutus*）又名五步蛇，属蝰蛇科。吻尖上曲，颊窝明显。背面灰褐色，有菱形方斑。毒蛇。

竹叶青（*Trimeresurus stejncgcri*）属蝰蛇科。头顶被以细鳞（无大形对称鳞）。头呈三角形，颈细。周身绿色。毒蛇。

3. 鳄目（Grocodiliai）

体被大型坚甲；体形较大；尾部强而有力；雄性具单一交配器官。

扬子鳄（*Alligator sinensis*）

吻钝圆，下颌第 4 齿嵌入上颌的凹陷内。皮肤具角质方形大鳞。前肢 5 指（趾），后肢 4 趾。

四、实验报告

总结两栖纲和爬行纲各目的分类特征，并掌握其中一二点识别特征。

实验十五　昆虫纲分类

昆虫纲是节肢动物门也是动物界中种类最多的一个纲，已经记录的就多达 100 万种以上，而且新种还在被不断地发现。昆虫种类多、数量大、分布广，生活习性各异，与环境和人类的关系非常密切。

一、目的和内容

（一）目的

（1）学习昆虫分类的基本知识，初步学会检索表的使用和制作方法。

（2）了解昆虫纲各重要目的主要特征，认识一些常见的代表种类及重要的经济昆虫。

（二）内容

（1）观察昆虫不同类型的口器、翅、足和触角。

（2）观察昆虫的变态类型。

（3）由教师指定数种昆虫，根据它们的形态特征，按检索表的顺序检索，鉴定它们属于哪个目，并记录此昆虫的形态特点。

二、实验材料和用品

昆虫的各种口器、触角、足、翅和变态类型的实物标本或玻片标本，各类昆虫成虫的干制针插标本或浸制标本，部分卵块、幼虫和蛹的浸制标本。

显微镜、解剖镜、放大镜、镊子、解剖针。

三、实验操作及观察

用检索表对昆虫标本进行分类之前，必须了解昆虫常用的重要分类特征（如口器、翅、足和触角等）的基本构造及其变化情况，并通过仔细观察，才可对昆虫各特征所属类型作出正确判断。使用检索表时，应避免选错检索途径；检索到标本所属的目之后、还必须与该目的特征进行全面对照，才能确定检索结果是否正确。

（一）昆虫纲的重要分类特征

1. 口器（图 15 –1）

昆虫最原始和最典型的口器类型为咀嚼式，由此演变成多种类型。肉眼、放大镜或

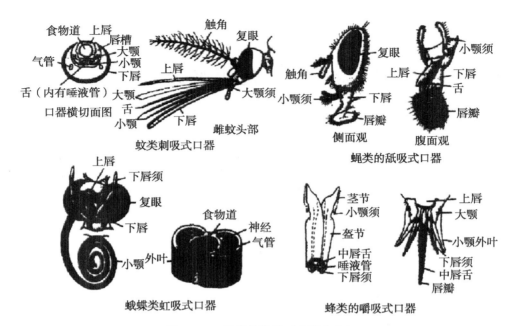

蚊类刺吸式口器

雌蚊头部

蝇类的舐吸式口器

蛾蝶类虹吸式口器

蜂类的嚼吸式口器

图 15－1　口器的类型（自堵南山）

低倍显微镜下观察各种口器。识别其特征和组成部分。

（1）咀嚼式。如蝗虫的口器。

上唇：1 片，连于唇基下方，覆盖着大颚，可活动。上唇略呈长方形，其弧状下缘中央有一缺刻；外表面硬化，内表面柔软（称内唇）。

大颚：为一对坚硬的几丁质块，位于颊的下方，口的左右两侧，被上唇覆盖。两大颚相对的一面有齿，下部的齿长而尖，为切齿部；上部的齿粗糙宽大，为臼齿部。

小颚：1 对，位于大颚后方，下唇前方。小颚基部分为轴节和茎节，轴节连于头壳，其前端与茎节相连。茎节端部着生 2 个活动的薄片，外侧的呈匙状，为外颚叶。内侧的较硬，端部具齿，为内颚叶。茎节中部外侧还有 1 根细长具 5 节的小须。

下唇：1 片，位于小颚后方。成为口器的底板。下唇的基部称为后颏，后颏又分为前后 2 个骨片，后部的称亚颏，与头部相连，前部的称颏。颏前端连接能活动的前颏，前颏端部有 1 对瓣状的唇舌，两侧有 1 对分为 3 节的下唇须。

舌：位于大、小颚之间，为口前腔中央的 1 个近椭圆形的囊状物，表面有毛和细刺。

（2）嚼吸式。如蜜蜂的口器。

上唇：为一横薄片，内面着生刚毛。

上颚：1 对，位于头的两侧，坚硬，齿状，适于咀嚼花粉颗粒。

下颚：1 对，位于上颚的后方，由棒状的细节、宽而长的基节及片状的外颚叶组成，并有 5 节的下颚须。

下唇：位于下颚的中央。有一三角形的亚颏和一粗大的颏部。颏部的两侧有 1 对 4 节的唇须，颏端部有一多毛的长管，称中唇舌，其近基部有 1 对薄且凹成叶状的侧唇舌，端部还有一匙状的中舌瓣。

（3）刺吸式。如蚊的口器，各部分都延长为细针状。

上唇：较大的 1 根口针，端部尖锐如利剑。

上颚：最细的 2 根口针。

下颚：1 对。由分 4 节的下颚须及由外颚叶变态形成的口针组成，口针端部尖锐，具齿。

舌：1 根。细长，中间有唾液道。

下唇：长而粗大，多毛，呈喙状，可围抱上述口针。

（4）舐吸式。如家蝇的口器。

上下颚均退化，仅余 1 对棒状的下颚须；下唇特化为长的喙，喙端部膨大成 1 对具环沟的唇瓣。喙的背面基部着生一剑状上唇，其下紧贴一扁长的舌，两相闭合而成食物道。

（5）虹吸式。如蝶蛾类的口器。

上颚及下唇退化，下颚形成长形卷曲的喙，中间有食物道。下颚须不发达，下唇须发达。

2. 足（图 15 - 2）

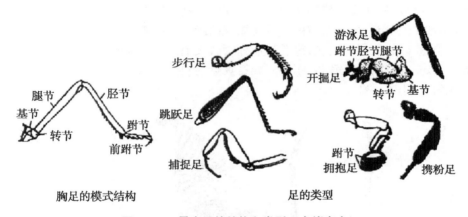

图 15 - 2　昆虫足的结构和类型（自堵南山）

昆虫成虫的足一般分 6 节，由基部向端部依次为：基节、转节、腿节、胫节、跗节和前跗节，其中跗节又常可分为 2 ~ 5 亚节。仔细观察各种类型的足，识别其各自的特点并辨认足的各部分结构。

（1）步行足。各节片皆细长。适于步行、如蜚蠊的足。

（2）捕捉足。如螳螂的前足。基节长大；腿节发达，腹面有沟，沟两侧具成列的刺；胫竹腹缘亦具两列刺，适于捕捉与把握食物。

（3）开掘足。如蝼蛄的前足。各节粗短强壮；胫节扁平，端部有 4 万发达的齿。跗节 3 节，极小，着生在胫节外侧，呈齿状。

（4）游泳足。如松藻虫的后足。胫节和跗节皆扁平呈桨状，边缘具成列的长毛，适于游泳。

（5）抱握足。如雄龙虱的前足。跗节分 5 节，前 3 节变宽，并列呈盘状，边缘有缘毛，每节有横走的吸盘多列，后两节很小，末端具 2 爪。

（6）携粉足。蜜蜂的后足。各节均具长毛，胫节端部扁宽。外面光滑而凹陷，边缘有成列长毛，形成花粉篮。跗节分5节，第一节膨大。内侧具有数排横叫的硬毛，可梳集黏着在体毛上的花粉，称花粉刷；胫节与跗节相接处的缺口为压粉器。

（7）跳跃足。如蝗虫的后足。腿节膨大，胫节细长而多刺，适于跳跃。

（8）攀缘足。如虱的足。胫节腹面具一指状突，可现跗节和爪合抱以握持毛发或织物纤维。

3. 翅

翅的有无、对数、发达程度、质地和被覆物是昆虫分类的重要依据。观察针插标本，识别各种翅的类型及其特征。

（1）膜翅。薄而透明，膜质，翅脉清晰可见。如蜂类的翅。

（2）革翅（有时又称复翅）。革质、稍厚而有弹性。半透明，翅脉仍可见。如蝗虫的前翅。

（3）鞘翅。角质，厚而坚硬，不透明，翅脉不可见，如金龟子的前翅。

（4）半鞘翅。基半部厚而硬，鞘质或革质，端半部膜质。如蝽类的前翅。

（5）平衡棒。后翅特化成棒状或勺状。如蚊、蝇、虻的后翅。

（6）鳞翅。膜质，表面密被由毛特化而成的鳞片。如蛾、蝶的翅。

（7）缨翅。膜质，狭长，边缘着生成列缨状长毛。如蓟马的翅。

（8）毛翅。膜质，表面密被刚毛。如石蚕蛾的翅。

4. 触角（图15－3）

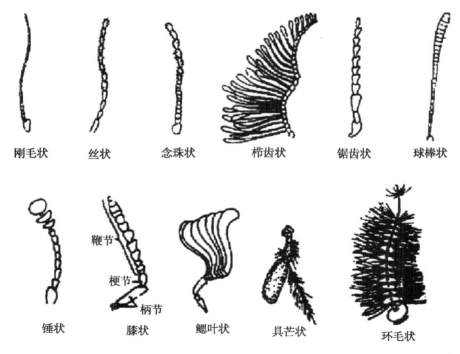

图15－3　触角的类型（自任淑仙）

触角均由3节组成、基部的一节为柄节、第二节为梗节、第三节为鞭节。鞭节可分亚节且形态多变，因而形成不同触角类型。观察各类触角，识别其各自的特点。

刚毛状触角：鞭节纤细似一根刚毛。如蜻蜓、蝉的触角。

丝状触角：鞭节各节细长，无特殊变化（如蝗虫），或细长如丝。如蟋蟀的触角。

念珠状触角：鞭节各节圆球状。如白蚁的触角。

锯齿状触角：鞭节各节的端部有一短角突起，因而整个触角形似锯条。如芫菁的触角。

栉齿状触角：鞭节各节的端部有一长形突起，因而整个触角呈栉（梳）状。如一些甲虫、蛾类雌虫的触角。

羽状（双栉状）触角：鞭节各节端部两侧均有细长突起，因而整个触角形似羽毛。如雄家蚕蛾的触角。

膝状触角：鞭节与梗节之间弯曲成一角度。如蚂蚁、蜜蜂的触角。

具芒触角：鞭节仅一节，肥大，其上着生有一根芒状刚毛。如蝇类的触角。

环毛状触角：鞭节各节基部着生一圈刚毛。如雄蚊、摇蚊的触角。

球杆状触角：鞭节末端数节逐渐稍膨大，似棒球杆。如蝶类的触角。

锤状（头状）触角：鞭节末端数节突然膨大。如露尾虫、郭公虫等的触角。

鳃状触角：鞭节各节具一片状突起，各片重叠在一起时似鳃片。如金龟子的触角。

5. 变态现象

对照标本观察昆虫的不同变态类型及生活史不同阶段的形态变化。

（1）无变态。如衣鱼的幼虫与成虫，除身体较小和性器官未成熟外，其他无大差别。

（2）不完全变态。发育经过卵、幼虫和成虫 3 种虫态，分为渐变态和半变态两种类型。

渐变态：如蝗虫。从幼虫生长发育到成虫，除翅逐渐成长和性器官逐渐成熟外，没有其他明显差别。这种幼虫称为若虫，生活史中没有蛹的阶段。

半变态：如蜻蜓。幼虫在外形和生活习性上与成虫都不同。幼虫生活在水中，有临时器官；成虫生活于陆地，临时器官消失。这种幼虫称稚虫，生活史中也无蛹期。

（3）完全变态。如蚕。幼虫与成虫在各方面完全不同。在变成成虫前，要经过不食不动的蛹期。

（二）昆虫纲分目检索

昆虫检索表的使用方法：在检索表中列有 1、2、3……等数字，每一数字后都列有 2 条对立的特征描述。拿到要鉴定的昆虫后，从第 1 查起，2 条对立特征哪一条与所鉴定的昆虫一致，就按该条后面所指出的数字继续查下去，直到查出"目"为止。例如，若被鉴定的昆虫符合第 1 中"有翅"一条，此条后面指出数号是 23 查下去；直查到后面指出 ×× 目的名称为止（下列检索表为双向式）。

昆虫(成虫)分目检索表

1. 翅无，或极退化 ··· 2
   翅2对或1对 ·· 23
2. 无足，幼虫状，头和胸愈合，内寄生于膜翅目，半翅目及直翅目等蚂蚁内，仅
   头胸部露出寄主腹节外 ································ 捻翅目 Strepsiptera
   有足，头和胸部不愈合，不寄生于昆虫体内 ······················· 3
3. 腹中除外生殖器和尾须外有其他附肢 ······························· 4
   腹部除外生殖器和尾须外无其他附肢 ······························· 7
4. 无触角；腹部12节，第1～3节各有1对短小的附肢 ·········· 原尾目 Protura
   有触角，腹部最多11节 ··· 5
5. 腹部至多6节，第一腹节具腹管，第3腹节有握弹器，第四腹节有一分叉的
   弹器 ·· 弹尾目 Collembola
   腹部多于6节，无上述附肢，但有成对的刺突或泡 ··················· 6
6. 有1对长而分节的尾须或坚硬不分节的尾铗，无复眼 ······· 双尾目 Diplura
   除1对尾须外还有1条长而分节的中尾丝，有复眼 ··········· 缨尾目 Thysanura
7. 口器咀嚼式 ··· 8
   口器刺吸式或舐吸式、虹吸式等 ····································· 18
8. 腹部末端有1对尾须，或尾铗 ··· 9
   腹部无尾须 ··· 15
9. 尾须呈坚硬不分节的铗状 ······················ 革翅目 Dermaptera
   尾须不呈铗状 ·· 10
10. 前足第1跗节特别膨大，能纺丝 ···················· 纺足目 Embidina
    前足第1跗节不特别膨大，不能纺丝 ································ 11
11. 前足捕捉足 ···································· 螳螂目 Mantodea
    前足非捕捉足 ·· 12
12. 后足跳跃足 ···································· 直翅目 Orthoptera
    后足非跳跃足 ·· 13
13. 体扁，卵圆形，前胸背板很大，常向前延伸盖住头部 ········· 蜚蠊目 Blattaria
    体非卵圆形，头不为前胸背板所盖 ································· 14
14. 体细长杆状 ···································· 竹节虫目 Phasmida
    体非杆状，社会性昆虫 ···························· 等翅目 Isoptera
15. 跗节3节以下 ·· 16
    跗节4～5节 ·· 17
16. 触角3～5节，寄生于鸟类或兽类体表 ··············· 食毛目 Mallophaga
    触角13～15节，非寄生性 ························· 啮虫目 Corrodentia
17. 腹部第1节并入后胸，第1节和第2节之间紧缩为柄状
    ·· 膜翅目 Hymenoptera
    腹部第1节不并入后胸，第1节和第2节之间不紧缩为柄状
    ·· 鞘翅目 Coleoptera

后翅基部不宽于前翅，也不无发达的臀区，休息时也不折起，头为下口式

·· 54

54. 头部长。前胸圆形，也很长，前足正常。雌虫有伸向后方的针状产卵器

·· 蛇蛉目 Raphidiodea

头部短。前胸一般不很长，如很长时则前足为捕捉足（似螳螂）。雌虫一般无

针状产卵器；如有，则弯在背上向前伸 ·················· 脉翅目 Neuroptera

（三）常见昆虫识别

观察针插昆虫标本，识别其主要分类特征，选取部分标本，检索至目。下面介绍常见昆虫各目主要识别特征及重要种类。

缨尾目（Thysanura）：中、小型，体长而柔软，裸露或覆以鳞片。咀嚼式口器。触角长、丝状。腹部末端具 3 根细长尾丝。如石蛃、衣鱼。前者多生活于山坡地带石块及落叶之下潮湿环境中，后者常见于室内抽屉、衣箱或书籍堆中。

弹尾目（Collembola）：微小型，体柔软。触角 4 节。腹部第 1、2、4 节上分别着生有黏管（腹管）、握弹器和弹器，能跳跃。如跳虫。常生活在土壤的腐殖质层。

直翅目（Orthoptera）：大或中型昆虫。头属下口式；口器为标准的咀嚼式；前翅狭长，革质；后翅宽大、膜质，能折叠藏于前翅之下；腹部常具尾须及产卵器；发音器及听器发达；发音以左右翅相摩擦或以后足腿节内侧刮擦前翅而成；渐变态。蝗虫、蝼蛄、油葫芦和中华蚱蜢等。

蜚蠊目（Blattaria）：咀嚼式口器，复眼发达，触角丝状；翅 2 对，也有不具翅的，前翅革质，后翅膜质，静止时平叠于腹上；足适于疾走；渐变态。如各种蜚蠊和地鳖虫。

螳螂目（Mantedea）：体细长，咀嚼式口器，触角丝状；前胸发达。长于中胸和后胸之和；翅 2 对，前翅革质，后翅膜质，休息时平叠于腹上，前足适于捕捉；渐变态。如螳螂。

等翅目（Isoptera）：体乳白色或灰白色，咀嚼式扣器；翅膜质，很长，常超出腹末端，前后翅相似且等长，故名。渐变态。本目是多态性、营群居生活的社会性昆虫。每一群中有 5 种类型成员组成，即长翅型的雌雄繁殖蚁，短翅或无翅型的辅助繁殖蚁，不孕性的工蚁和兵蚁。如各种白蚁，是非热带、亚热带地方的主要害虫。

虱目（Anoplura）：体小而扁平。刺吸式口器，胸部各节愈合不能区分，足为攀缘式，渐变态。为人畜的体外寄生虫，吸食血液并传播疾病，如体虱。

蜻蜓目（Odonata）：咀嚼式口器，触角短小刚毛状，复眼大。翅两对，膜质多脉，前翅前缘远端有一翅痣；腹部细长，半变态。如蜻蜓，豆娘。

半翅目（Hemiptera）：体略扁平：多具翅，前翅为半鞘翅，口器刺吸式，通常 4

节，着生头部的前端，触角4节或5节，具复眼。前胸背板发达，中胸有发达的小盾片为其显的标志；身体腹面有臭腺开口，能散发出类似臭椿树的气味，故又称椿象。渐变态。如二星椿、梨椿、稻蛛缘椿、三点盲椿、绿盲椿、猎椿、臭虫。

同翅目（Homoptera）：口器刺吸式，下唇变成的喙，着生于头的后方。成虫大都具翅，休息时置于背上，呈屋脊状。触角短小，刚毛状或丝状。体部常有分泌腺，能分泌蜡质的粉末或其他物质，可保护虫体。渐变态。如蝉、叶蝉、飞虱、吹棉介壳虫、蚜虫、白腊虫等。

脉翅口（Neuroptera）：口器咀嚼式；触角细长，丝状、念珠状、栉状或棒状，翅膜质，前后翅大小和形状相似，脉纹网状。完全变态、卵常具柄如中华草蛉、大草蛉等。

鳞翅目（Lepidoptera）：体表反膜质翅上都被有鳞片及短毛，口器虹吸式，复眼发达。完全变态，幼虫为毛虫型。该目常分为两个亚目。

（1）蝶业目：触角末端膨大，棒状；休息时两翅竖立在背上，翅颜色艳丽。白天活动。如凤蝶、菜粉蝶等。

（2）蛾亚目：触角形式多样，丝状、栉状、羽状等；停息时翅叠在背上呈屋状，多夜间活动。如黏虫、棉铃虫、二化螟、家蚕、蓖麻蚕、柞蚕等。

鞘翅目（Coleptera）：口器咀嚼式；触角形式变化极大，丝状、锯齿状、锤状、膝状、鳃片状等。前翅角质，厚而坚硬，停息时在背部左右相连成一直线。后翅膜质，常折叠藏于前翅下，脉纹稀少。中胸小盾片小，三角形，露于体表。完全变态。如金龟子、天牛、叩头虫、黄守瓜、瓢虫等。

膜翅目（Hymenoptera）：体微小至中型，体壁坚硬；头能活动，复眼大，触角丝状、锤状或膝状，口器一般为咀嚼式，仅蜜蜂科为嚼吸式，前翅大、后翅小，皆为膜翅，透明或半透明，后翅前缘有1列小钩，可与前翅相互连结。前翅前缘有一加厚的翅痣。腹部第1节并入胸部，称并胸腹节（Propedeon），第2节多缩小成腰状的细柄（pedeon），末端数节常缩入，仅可见6~7节。产卵器发达，多呈针状．有蜇刺能力。完全变态。如姬蜂、赤眼蜂、叶蜂、蜜蜂、胡蜂、蚂蚁等。

双翅目（Diptera）：只有1对发达的前翅，膜质，脉相简单；后翅退化为平衡棒；复眼大：触角丝状、念珠状、具芒状、环毛状；口器刺吸式、舐吸式。完全变态，幼虫蛆形。如蚊、蝇、虻、蚋等。

四、实验报告

（1）列表记录所鉴定昆虫，应包括下列各项：虫名、标本编号、目名、口器、翅、足、触角等。

（2）根据自己所鉴定的昆虫，选取部分种类，制作一个简单的昆虫纲分目检索表（至少包括8~10个常见的目）。

实验十六　鸟纲分类

鸟类是体表被覆羽毛、有翼、恒温和卵生的高等脊椎动物。从生物学观点来看，鸟类最突出的特征是新陈代谢旺盛并能飞行，这也是鸟类和其他脊椎动物的根本区别，使其成为在种类上仅次于鱼类，分布遍及全球的脊椎动物。

一、实验目的与内容

（一）目的

（1）通过鸟类的分类实验，学习分类知识，了解并掌握鸟类基本类群的主要特征。

（2）认识常见鸟类及重要经济鸟类，尤其是本地的常见种类。

（3）学习并掌握鸟类的分类方法和鸟类分类检索表的使用。

（二）内容

（1）学习鸟类分类术语。利用检索表和图谱鉴定鸟类。

（2）认识科属代表鸟种及重要目科的主要特征。

二、实验材料和用品

（1）各目重要经济鸟类的剥制标本。

（2）尺子和放大镜等。

三、实验操作与观察

鸟纲分为古鸟亚纲（包括始祖鸟）和今鸟亚纲 2 亚纲，今鸟亚纲包括古颚总目（Palaeognathae）、楔翼总目（Impennes）和今颚总目（Neognathae）3 总目。我国现存的鸟类都属于今颚总目。现存 9000 多种鸟，可分成 27～30 目、160 科。

（一）鸟体形态与测量

鸟类标本是其生态地理分布的有力证据，也是进行分类必须具备的原始资料，因此，研究标本资料要全而真实。制作标本前需要测量的鸟体（图 16-1）数据如下。全长（total length）：喙端至尾端的长度。翼展长（wing spans）：两翅自然伸展的长度。体重（weight）：标本采集时所称量的重量。可以当时测量也可以以后测量。嘴峰长（culmen）：其为嘴基生（虹膜）处至上峰先端的直线距离。翼长（wing）：翼角到最长飞羽先端的距离。跗跖长（tarsus）：跗间关节中点至跗跖、中趾关节前面最下方的整片鳞下缘。尾长（tail）：尾羽（rectrix）基部至末端的直线距离。

传统分类依据的鉴别特征就是鸟体各部的形态结构、色泽等特点，因此，了解鸟体形态十分必要（图16-2）。

（二）分类术语

1. 翼（wing）

飞羽（flight feather）初级飞羽（primary）着生于掌骨和指骨上；次级飞羽（secondary）着生于尺骨上；三级飞羽（tertiary）为最内侧的飞羽，着生于肱骨上。

覆羽（covert）覆于翼的表、里两面，初级覆羽（primary covert）覆于初级飞羽之上。次级覆羽（secondary covert）覆于次级飞羽上，分为大（tectrices majores）、中（tectrices mediae）、小（tectrices minores）3种覆羽。

小翼羽（alula）位于翼角处正羽。

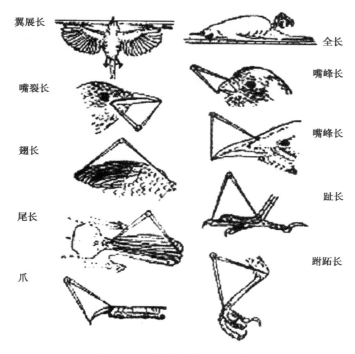

图16-1 鸟体测量（郑作新1964）

2. 足（图16-3）

包括股、胫、跗跖及趾等部。

跗跖部（tarsometatasus）位于胫部与趾部之间，或被羽或着生鳞片。按鳞片形状分为横鳞状的盾状鳞、网眼状的网状鳞、整片的靴状鳞等几种。

趾部（toe）通常为4趾，依其排列的不同可分为下列几种。

常态足（anisodactylous）又称为不等趾型、离趾型，2、3、4趾向前，1趾向后。对趾足（zygodactylous）是第1、第4趾向后，第2、第3趾向前。异趾足（heterodac-

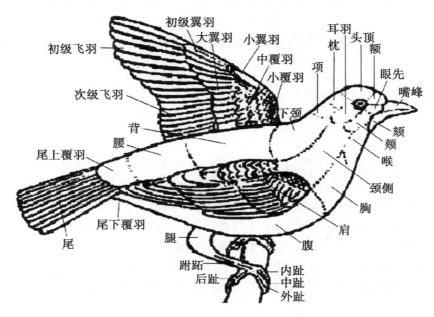

图 16－2 鸟体外部形态（郑光美 1995）

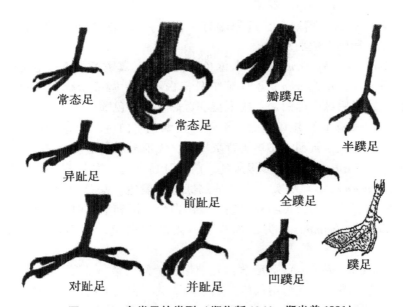

图 16－3 鸟类足的类型（郑作新 1964，郑光美 1991）

tylous）是第 1、第 2 趾向后，第 3、第 4 趾向前。转趾足（semi－zygodactylous）与不等趾足相似，但第 4 趾可转向后方，成对趾型。并趾足（syndactylous）似常态足，但前 3 趾的基部并连。前趾足（pamprodactylous）的 4 趾均朝向前方。

蹼（web）多数水禽及涉禽具蹼，可分以下几种。

全蹼足（totipalmate）的 4 趾间均由蹼膜相连。蹼足（palmate）的前趾间具发达的蹼膜，后趾退化。凹蹼足（incised palmate）与蹼足相似，但蹼膜的外缘向内凹入。半蹼足（semipalmate）蹼退化，仅在趾间的基部存留。瓣蹼足（lobed）是趾的两侧附有叶瓣状蹼膜。

（三）常见鸟类的分类检索

1. 常见鸟类的分类检索
2. 常见的代表鸟类观察

依实验室条件，选择有代表性的常见鸟类和经济鸟类标本，按游禽、涉禽、陆禽、攀禽、猛禽、鸣禽等生态类群进行观察。

（1）䴙䴘目（Podicipediformes）中等大小游禽。具瓣蹼。后肢极度靠后。尾羽短。

小䴙䴘（*Podiceps ruficollis*）头部和上体黑褐色，颈侧和耳羽栗红色，腹部白色。

（2）鹈鹕目（pelecaniformes）中大型游禽。全蹼。嘴强大有钩。具发达喉囊。

鸬鹚（*Phalacrocorax carbo*）体黑色杂有浅色花纹，肩翼具青铜色金属反光，下肋部有一白块斑。嘴先端有钩，喉囊小。颊、颏和上喉白色呈半环状。眼周和后侧裸露，皮肤黄色。

（3）雁形目（Anseriformed）大中大型游禽。嘴扁，嘴缘具齿状突，端部具嘴甲。前 3 趾具蹼。翼上有不同颜色的翼镜。

豆雁（*Anser fabalis*）嘴黑色，近先端有一黄斑。头颈灰棕色，背和肩羽暗棕色，腹部浅灰色，尾上和尾下覆羽白色。

绿头鸭（*Anas platyrhynchos*）头颈灰绿色具白领环，翼镜紫蓝色，尾羽边缘白。

斑嘴鸭（*Anas poecilorhyncha*）上体暗褐具棕白羽缘；胸部淡棕白杂有褐色斑，翼镜金属蓝绿色，翼镜后缘有黑白边。尾下覆羽近黑色。黄色嘴甲较大。

鸳鸯（*Aix galericulata*）雄鸟艳丽，头颈部具绿色、白色和栗色羽冠，眼后有白色眉纹，翅上有栗黄色直立帆羽；雌鸟头背灰褐色，无羽冠和帆羽。

（4）鸥形目（Lariformes）体多银灰色。前 3 趾具全蹼。翅尖长。尾羽发达。

银鸥（*Larus argentatus*）嘴黄，下嘴基部红色或黑色。头颈白色，背、腰深灰色，肩羽具宽阔的白色羽端，初级飞羽褐黑色，端部白色，尾和下体白色。脚淡红色。

红嘴鸥（*Larus ridibundus*）头顶棕褐色，体淡灰白色。嘴赤红，先端黑色。脚赤红。

白额燕鸥（*Sterna albifons*）嘴橙黄，先端黑色。额白色，头顶、后颈、眼先、颊、耳羽黑色。肩、背、腰、尾上覆羽灰色。颊至尾下覆羽和尾羽白色。脚橘黄、爪黑色。

（5）鹳形目（Ciconiiformes）大中型涉禽。颈、嘴、腿均长。趾细长，四趾在同一个平面上，趾基部具半蹼。眼先裸露。

白鹳（*Ciconia ciconia*）翅折叠时较长黑色内侧飞羽遮住尾部，余部白色。眼先、眼周、颏部裸露皮肤朱红色。嘴黑色，下嘴腹面红色，腿和脚红色。

苍鹭（*Ardea cinerea*）背苍灰，下体白。头颈白，枕黑、颈有黑纵纹。胸侧有黑斑。

夜鹭（*Nycticorax nycticorax*）头顶及枕部黑色具绿辉。下体白色。两枚白色冠羽。

1. 鼻呈管状 ………………………………………… 鹱形目 Procellariiformes

　　鼻不呈管状 …………………………………………………………… 2

2. 脚适于游泳，蹼较发达 …………………………………………………… 3

　　脚适于步行，蹼不发达或缺 ………………………………………… 6

3. 趾间具全蹼 …………………………………………… 鹈形目 Pelecaniformes

　　趾间不具全蹼 ……………………………………………………… 4

4. 嘴形平扁，具嘴甲，雄性具交接器 …………………… 雁形目 Anseriformes

　　嘴形不平扁，雄性无交接器 ……………………………………… 5

5. 翅形短圆，尾羽短，前趾各趾两侧附有瓣蹼 ………… 鸊鷉目 Podicipediformes

　　翅形尖长，尾羽正常，前趾不具瓣蹼 ………………… 鸥形目 Lariformes

6. 颈和脚较长，胫下部裸出，蹼不发达 …………………………………… 7

　　颈和脚较短，胫部被羽，无蹼 ………………………………………… 9

7. 后趾发达，与前趾在一平面上，眼无裸出 …………… 鹳形目 Ciconiiformes

　　后趾退化，存在时位置高于其他趾，眼先被羽 ……………………… 8

8. 翅短圆，第1枚初级飞羽较第2枚短，趾间无蹼，眼先被羽或裸出 ……………

　　………………………………………………………… 鹤形目 Gruiformes

　　翅形尖，第1枚初级飞羽较第2枚长，趾间蹼膜不发达，眼先被羽 ……………

　　……………………………………………………… 鸻形目 Charadriiformes

9. 嘴和爪特强锐而弯曲，嘴基具蜡膜 …………………………………… 10

　　嘴和爪均平直或仅稍微曲，嘴基不具蜡膜 ………………………… 11

10. 蜡膜裸出，眼侧位，外趾不能反转（鹗属 *Pandion* 例外），尾脂腺被羽 ………

　　………………………………………………………… 隼形目 Falconiformes

　　蜡膜被硬须掩盖，两眼向前，外趾能反转，尾脂腺裸出 ……………………

　　…………………………………………………………… 鸮形目 Strigiformes

11. 3趾向前，1趾向后（后趾有时缺），各趾多彼此分离 ………………… 12

　　趾不具上述特征 …………………………………………………… 16

12. 足前趾型，嘴短阔平扁，无嘴须 …………………… 雨燕目 Apodiformes

　　足非前趾型，嘴强而不平扁（夜鹰目 Caprimulgiformes 例外），常具嘴须 ……

　　…………………………………………………………………… 13

13. 足对趾型 ………………………………………………………… 14

　　足非对趾型 ……………………………………………………… 15

14. 嘴强直呈凿状，尾羽通常坚挺尖出 …………………… 䴕形目 Piciformes

　　嘴端稍曲，不呈凿状，尾羽正常 ……………………… 杜鹃目 Cuculiformes

15. 嘴形短阔，鼻通常呈管状，中爪具栉缘 ………… 夜鹰目 Caprimulgiformes

　　嘴不如上述，鼻不呈管状，中爪不具栉缘 ………… 佛法僧目 Coraciiformes

16. 嘴基柔软被蜡膜，嘴端膨大而具角质（沙鸡属 *Syrrhaptes* 例外） ………………

　　………………………………………………………… 鸽形目 Columbiformes

　　嘴全被角质，嘴基无蜡膜 ………………………………………… 17

17. 雄性有距突，后爪不较其他爪长 ……………………… 鸡形目 Galliformes

　　雄性无距突，后爪较其他爪长 ……………………… 雀形目 Passeriformes

　　（6）鹤形目（Gruiformes）涉禽。颈、嘴、腿多较长。胫下部裸出，后趾退化或高于前3趾。蹼退化，眼先被羽。

丹顶鹤（*Grus japonensis*）体羽白。内侧飞羽黑色。头顶朱红色。枕部白色。

灰鹤（*Grus grus*）体灰色。头顶及翅尖黑色。头顶裸出部朱红色，颊至颈侧灰白色。

（7）鸻形目（Charadriiformes）中小型涉禽。翅尖，蹼不发达或消失。

金眶鸻（*Charadrius dubius*）上体灰褐色，下体除胸黑色外，白色。嘴基狭带与头顶前部、眼先经眼下连接达耳区的带斑黑色，带斑间及周缘白，后颈具白色领状环。

凤头麦鸡（*Vanellus vanellus*）冠羽细长。背灰绿色至绿褐色有金属光泽，下体白色，上胸具黑色宽带斑。

白腰草鹬（*Tringa ochropus*）上体、腹、翅下覆羽灰黑褐色，具白色细点，腰羽、体侧、下体白色，腿、趾蓝绿色。

（8）鸽形目（Columbiformes）陆禽。嘴短，基部多具蜡膜。

珠颈斑鸠（*Streptopelia chinensis*）上体褐缀棕红色羽缘。额淡灰，头顶、颈枕红色，颈基部后侧的领圈宽阔黑色，羽端有白点状斑。

毛腿沙鸡（*Syrrhaptes paradoxus*）沙灰色，背部混杂黑色横斑，腹部具一黑色斑块。翅、尾尖长。脚和趾被短羽。

（9）鸡形目（Galliformes）陆禽，嘴锥形、强健，上嘴弓形。脚健壮，爪强钝。翼短圆。雄性艳丽、有距。

环颈雉（*Phasianus colchicus*）雄鸟颈部紫绿色，具鲜明白色颈环，尾羽长，具横纹。雌鸟较小，羽色暗褐、具斑，尾较短。

鹌鹑（*Coturnix coturnix*）背黑褐杂浅黄色羽干纹。腹灰白色，赤褐色喉具黑褐纹。

（10）杜鹃目（Cuculiformes）攀禽。足对趾型。体形似隼，但嘴不具钩。

大杜鹃（*Cuculus canorus*）上体暗灰色，腹部白具细黑褐色横斑纹，翅缘白具褐色细斑纹。翅下覆羽横斑显著而整齐。尾黑末端缀白呈半圆形白斑。

（11）夜鹰目（Caprimulgiformes）攀禽。足并趾型。中趾爪具栉状缘。口宽阔，口缘具硬毛状嘴须。

普通夜鹰（*Caprimulgus indicus*）体灰褐杂黑褐色斑，喉及雄鸟翅尖及尾尖具白斑。

（12）雨燕目（Apodiformes）攀禽。足前趾型。嘴短阔而扁平。翼尖。

楼燕（*Apus apus*）似家燕而稍长，体羽黑褐色，前额白，喉部灰白色。翅长。

白腰雨燕（*Apus pacificus*）体羽黑揭色，腰具白斑，颌、喉白色，具黑色羽干纹。

（13）佛法僧目（Coraciiformes）中小型攀禽。足并趾型。嘴长而直，有的嘴弯曲。

普通翠鸟（*Alcedo atthis*）背蓝绿、腹棕色。嘴强而直。耳羽锈红色，颈侧具白斑。

蓝翡翠（*Halcyon pileata*）背深蓝色具光泽，下体橙棕色。头顶黑色。颈具白色领圈。

戴胜（*Upupa epops*）棕红色羽冠伸展呈扇形。翅、尾黑具白色横斑。嘴长向下弯曲。

（14）䴕形目（Piciformes）中小型攀禽。足对趾型。嘴直似凿。尾羽羽轴坚硬富有弹性。

黑枕绿啄木鸟（*Picus canus*）体羽绿色。枕与枕与后颈其黑纹斑。腰和尾上覆羽黄绿色。雄鸟头顶红色。

斑啄木鸟（*Dendrocopos major*）背黑腹白。翅具白斑。尾下覆羽深红。雄鸟枕具红斑。

（15）鸮形目（Strigiformes）夜行性猛禽。足转趾型。眼大向前，多具面盘。耳孔大有耳羽。嘴爪强而弯曲。羽毛柔软。

长耳鸮（*Asio otus*）上体棕黄具黑揭色羽干纹，下体棕黄，腹部具纵纹和横纹。耳羽长。

（16）隼形目（Falconiformes）嘴弯曲，先端具利钩。足强健具锐爪。雌大于雄。

鸢（*Milvus korschun*）又称为老鹰。全身暗褐色，展翅翱翔时，翅下白斑明显可见，翅端分叉。尾叉状。

雀鹰（*Accipiter nisus*）上体青灰色，下体白色，颔和喉部布满褐色羽干纹，无中央纹，胸、腹和两肋密布暗褐色细横纹。尾长，有4条黑横带斑。

普通鵟（*Buteo buteo*）羽色变异大，上下体暗色或淡色，缀以棕白斑，有大型斑点。尾端圆形，尾羽具4、5条不显著黑褐色横斑。

红脚隼（*Falco vespertiinus*）雄鸟青灰色。脚红。腿及尾下覆羽棕红色。翅前缘白色。

（17）雀形目（Passeriformes）鸣管发达且复杂。足离趾型。跗跖后缘具靴状鳞。

百灵（*Melanocorypha mongolica*）翼尖长，跗跖后缘覆盾状鳞，后爪长而稍直。

家燕（*Hirundo rustica*）背蓝黑具金属光泽。颔、喉栗红色，腹部白色。尾又状。

红尾伯劳（*Lannius cristatus*）背灰褐色，腹棕白色。头顶灰褐色，黑贯眼纹由嘴基部伸达耳羽。尾羽棕红色。

白头鹎（*Pycnonotus sinensis*）头颊部黑色，枕部白色，额、喉白色。上体暗灰色，黄绿色羽缘形成暗纵纹。胸具不明显灰褐色宽带。

黑枕黄鹂（*Oriolus chinensis*）全身金黄色。枕部具宽阔黑枕纹。翅和尾羽黑色。

灰惊鸟（*Sturnus cineraceus*）体灰褐腰部白色。头顶、颈部黑色，前额杂以白羽，颊和耳羽污白色，杂以黑羽。尾黑呈平截状。嘴、脚橙红色。

喜鹊（*Pica pica*）体羽黑色，肩有白斑，腹部白色。尾长，尾羽凸状。

灰喜鹊（*Cyanopica cyana*）头、颈黑色。肯灰色。下体灰白色。尾长，尾端有白斑。

秃鼻乌鸦（*Corvus frgilegus*）通体亮黑色。嘴基裸露，被灰白色皮膜。

虎斑地鸫（*Zoothera dauma*）上体橄榄褐色，羽轴棕白色，羽缘黑色，次端浅棕色。颔、喉和胸棕白色，腹部和尾下覆羽黑褐色。中央尾羽橄榄褐色，羽端缘白色。

画眉（*Garrulax canorus*）背橄榄褐色。头、背具黑褐色纵纹。眼圈和眉纹白色。

黄腰柳莺（*Phylloscopus proregulus*）背橄榄绿色，腰具黄色横带，翅具黄绿色横斑。

大山雀（*Parus major*）较麻雀稍小。上体灰蓝、上背浅绿色，白色腹中央具黑色纵纹。头黑，两侧具大型白斑。

树麻雀（*Passer montanus*）头顶栗褐色。背黄褐具黑褐色纵纹。头侧和喉有黑斑。

燕雀（*Fringilla montifringilla*）头、后颈、上背黑色。颔、喉、胸和肩羽橙黄色，下背、腰及尾上覆羽白色。下体余部白色沾棕色。

金翅雀（*Carduelis sinica*）背橄榄褐色，腰金黄色。翅具金黄色斑。尾黑色。

黑头蜡嘴雀（*Eophona personata*）背肩灰褐色，腰灰色，胸灰褐色、腹部黄白色，两肋、腹侧橙黄色。头部、飞羽和尾黑色，飞羽端白色。嘴粗壮橙黄色，尖端黑褐色。

黄胸鹀（*Emberiza aureola*）雄鸟头、背栗红色，翅上有白斑，上胸具完整深栗色横带，下体鲜黄色。雌鸟上体棕褐或暗褐色，下体淡黄色，无胸带。

三道眉草鹀（*Emberiza cioides*）背栗红具黑色纵纹。胸棕红具栗色横带，腹都黄白色。雌鸟胸部无栗色横带。头顶栗色，两侧有明显的黑白相夹条纹。

四、实验报告

（1）利用检索表，自己动手鉴定 1 种或 2 种鸟。

（2）任选几种常见鸟，试编检索表，掌握检索表的使用方法。

（3）根据观察标本，总结鸟类常见重要目科的主要特征。

（4）鸟类传统分类系统的优缺点有哪些？

（5）你了解 C. G. Sibley（1986）根据 DNA 杂交研究提出的鸟类分类新系统吗？

实验十七　哺乳纲分类

一、实验目的与内容

（一）目的

（1）学习使用检索表，掌握哺乳动物的分类方法，熟悉主要目、科的分类特征。
（2）认识常见的重要经济哺乳动物种类。

（二）内容

（1）哺乳动物鉴定术语及测量方法。
（2）哺乳动物标本观察与检索。

二、实验材料与用品

（1）真兽亚纲主要目代表种类的标本。多媒体图片、幻灯等。
（2）卡尺、卷尺、镊子。

三、实验操作与观察

（一）兽体测量的量度（图 17 – 1、图 17 – 2）

体长（body length）：吻端至肛门的距离。尾长（tail length）：尾基至尾端的距离。耳长（auris length）：耳着生处至耳尖的距离。后足长（metapedes length）：由足跟到最长趾趾端的距离。肩高（shoulder height）：肩部背中线至前指尖之长。臀高（hipheight）：臀部背中线至后趾尖之长。胸围（chest measurement）：前肢后面胸部的最大周长。腰围（waistline）：后肢前面腰部的最小周长。

颅全长（total length of skull）：鼻骨最前端至枕骨最后端的即离。颅基长（length of basicranialis 或 condylobasal length）：前颌骨最前端至枕髁后端连结线的直线距离。基长（basal length）：前颌骨最前缘至枕骨大孔前缘。颅高（cranial height）：由顶骨的最高点至听泡的最低点间的垂直高度。颧宽（zygomatic width）：左、右颧弓外缘间的最大宽度。眶间宽（interorbital width）：额骨表面二眼眶间的最小宽度。听泡长（length of tym-panic bulla）：听泡前后缘间的最大长度。上齿列长（length of upper cheek teeth）：上颌前臼齿和臼齿齿冠的最大长度。下齿列长（length of lower cheek teeth）：下颌前臼齿和白齿齿冠的最大长度。上齿隙长（length of diastemata）：上门齿基部后缘至颊齿列前端的距离。腭长（palatal length）：由腭后缘至第1门齿内缘间的距离。

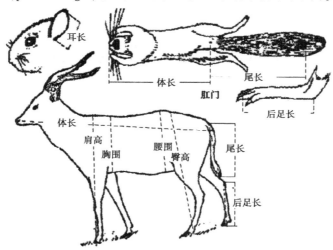

图 17 - 1　兽类的外形测量（郑作新 1982，黄诗笺 2001）

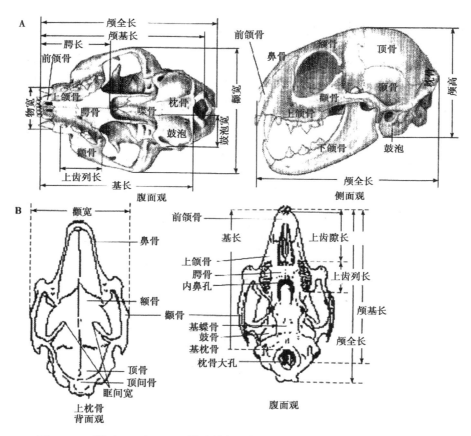

图 17 - 2　猫（A）兔（B）的头骨与测量（Cleveland and Hickman 2001）

（二）分类术语

齿式（dental formula）表示哺乳动物牙齿种类、数目排列顺序的式子，（门·犬·前臼·臼）／（门·犬·前臼·臼）×2＝总齿数，如猪的齿式为（3·1·4·3）／（3·1·4·3）／×2＝44。

裂齿（carnassial tooth）食肉目动物上颌最后1枚前臼齿和下颌第1枚臼齿特别大，齿尖锐利，用以切断和撕裂食物，称为裂齿。

獠牙（bucktooth）犬牙特别发达并向外突出于唇外，称为獠牙，如雄猪上犬牙。

洞角（hollow horn）不分叉，终生不更换，为头骨延长的骨角与表皮角化形成的角质鞘套构成，如牛角。

实角（solid horn）分叉。每年换一次，雄体发达，由真皮骨化的骨质角穿出皮肤形成，如鹿角。鹿茸是怎样形成的？鹿茸与鹿角有何关系？

翼膜（patagium）连接指骨末端、肱骨与体侧、后肢及尾间的薄膜，如蝙蝠的翼膜。

飞膜（flying membrane）颈侧沿前肢到躯体两侧至后肢间发达而被毛的皮褶，即飞膜，如避日猿、鼯鼠的皮膜（membrana dermalia）。常将翼膜、飞膜视为一种结构。

（三）真兽亚纲哺乳动物的分类检索

利用实验室内陈列的兽类标本和多媒体图片，认识更多的哺乳动物。利用检索表，将实验室内陈列的哺乳类标本检索分目、分科、分属并总结代表目、科的主要特征。

1. 真兽类主要目检索

```
1.体表被鳞甲，无牙齿 ·············································· 鳞甲目 Pholidota
  体表被鳞甲，有牙齿 ··················································· 2
2.仅有前肢 ··································································· 3
  具前后肢 ··································································· 4
3.尾扁平而有缺刻，两眼在头的两侧，呼吸孔通常位于头顶，多具背鳍 ··········
  ······································································· 鲸目 Cetacea
  尾圆形而无缺刻，两眼在头的前面，呼吸孔在吻前端，无背鳍 ··············
  ······································································ 海牛目 Sirenia
4.前肢翼状，指节延长 ·············································· 翼手目 Chiroptera
  前肢非翼状 ································································· 5
5.四肢鳍状 ············································ 鳍脚目 Pinnipedia
  四肢非鳍状 ································································· 6
6.拇指（趾）与其他各指（趾）相对 ······················ 灵长目 Primates
  拇指（趾）不与其他各指（趾）相对 ························· 7
7.指（趾）愈合或有蹄 ·················································· 8
  指（趾）分离而有爪 ·················································· 10
```

8.体型巨大，鼻与上唇愈合并延长成可卷曲的圆筒状 ·········· 长鼻目 Proboscidea

体型大或中等，鼻与上唇不延长 ·· 9

9.四肢仅第3或第4指（趾）大而发达 ················ 奇蹄目 Perissodactyla

四肢第3、第4指（趾）发达而等大 ················ 偶蹄目 Artiodactyla

10.身体中小型，吻部尖长，牙齿结构原始 ············· 食虫目 Insectivora

身体小至大型，吻部正常，牙齿分化明显 ····························· 11

11.身体大中型，犬齿发达，门、臼齿间无间隙 ········· 食肉目 Carnivora

身体中小型，无犬齿，门、臼齿间有间隙 ····························· 12

12.上颌具4门齿 ·· 兔形目 Lagomorpha

上颌具2门齿 ·· 啮齿目 Rodentia

2. 常见哺乳动物代表种类

（1）食虫目（Insectivora）小型兽类，肢短5趾，有利爪，吻尖长，外耳和眼退化。

刺猬（*Erinaceus europaeus*）体背被棘刺，余分具浅棕色深浅不等的细刺毛。尾短。

齁鼱（*Suncus murinus*）貌似小鼠，被灰褐色绒毛。前肢短健具长爪，掌心外翻。

（2）翼手目（Chiroptera）指骨特别延长，1、2指端具爪，后肢具钩爪，具翼膜。

大黄蝠（*Scotophilus heathii*）体无白斑，毛深黄褐色，上颌每侧各具门齿1枚。耳较短阔，前方有一耳屏，形似弯刀。

（3）灵长目（Primates）拇指（趾）与余趾相对，多具指（趾）甲。眼前视。

蜂猴（*Nycticebus coucang*）体型小，背红褐色，腹面灰白色。头圆。眼大，具暗褐色眼眶环和浅棕色三角形眼上斑。后足第2趾具爪。

猕猴（*Macaca mulatta*）体瘦小，背毛棕褐色至棕红色。颜面及两耳棕褐色，有颊囊。臀胼胝发达，红色。尾长约为体长的2/5。

黑长臂猿（*Hylobates concolor*）前肢长，手指几乎可触地。雄体黑色，雌体棕黄色，仅头顶至后头有1块黑斑。

（4）鳞甲目（Pholidota）体被鳞甲，其间杂有硬毛，前爪极长。

穿山甲（*Manis pentadactyla*）体被覆瓦状棕褐色鳞甲，鳞间杂有刚毛，但腹部仅生稀毛。头细、眼小、舌长。四肢粗短，前足爪强健。

（5）兔形目（Lagomorpha）上颌门齿前后排列。齿间隙大。上唇唇裂。尾短或无尾。

华南兔（*Lepus sinensis*）背黄褐色。耳短，向前折时不达鼻端。后肢长，尾短。

（6）啮齿目（Podentia）门齿呈凿状，终生生长。齿虚位间距大。门齿常为3/3。

赤腹松鼠（*Callosciurus erythraeus*）背橄榄黄色，胸腹部及四肢上部内侧栗红色。尾长，具黑黄相间环纹。

鼯鼠（Petaurista petaurista）体被棕红毛，体侧有飞膜，连接前后肢。

豪猪（Hystrix subcristata）体粗壮被棘刺，棕褐色。体背后棘刺特长，两端白、中间黑色，硬刺间有稀疏的长白毛。尾短，尾毛特化为管状。

褐家鼠（*Rattus norvegicus*）背毛深褐或棕灰色，背中线杂有黑色毛，腹毛浅灰白色。尾明显短于体长，尾毛短而稀疏，鳞环外露明显。耳短而厚。

小家鼠（*Mus musculus*）鼠科中体型最小。背毛灰褐色，腹毛灰黄色，耳小，耳端稍带白毛。尾大于或等于体长。

（7）食肉目（Carnivora）犬齿强大而锐利。裂齿发达。指（趾）端具锐爪。毛厚密。

狼（*Canis lupus*）背毛黄褐、棕灰杂有灰黑色毛，腹部毛色较浅。吻尖口宽。两耳直立，尾不上卷，尾毛蓬松。

豺（*Cuon alpinus*）身躯较狼短。背毛红棕色，腹毛较浅。吻较狼短而头较宽。耳短而圆。尾毛长而密，似狐尾。下颌每侧仅2枚臼齿。

猞猁（*Lynx lynx*）尾不及体长的1/4，尾端黑。耳尖耸立黑色簇毛。两颊具长毛。

云豹（*Neofelis nebulosa*）体灰黄色，具边缘黑灰黄云状斑。尾具黑环，尾尖黑色。

豹（*Panthera pardus*）又名金钱豹。毛被黄色，满布黑色环斑。尾长，四肢短健。

虎（*Panthera tigris*）我国有华南虎和东北虎两个虎亚种。毛色浅黄或棕黄，布有黑色横纹。头圆耳短。尾粗长，具黑色环纹，尾端黑色。

果子狸（*Paguma larvata*）大小如家猫。背毛深棕灰色，体侧棕灰色。鼻后经额、颅顶部直至背部有1条白棕色纹。

貉（*Nytereutes procyonoides*）又名狸。体粗壮，四肢短，颜面部有倒"八"字形黑纹。

黄鼬（*Mustela sibirica*）俗称黄鼠狼，体细长，棕黄或橙黄色。四肢短小，尾毛蓬松。肛腺发达。

黑熊（*Ursus thibetanus*）体毛漆黑色。胸部月牙形斑纹白色或黄白色。头宽而圆，吻鼻部棕褐色，下颏白色。颈侧具丛状长毛。腕掌垫发达。

大熊猫（*Ailuropoda melanoleuca*）头圆尾短，头部和身体毛色黑白相间分明。

（8）鳍脚目（Pinnipedia）。斑海豹（*Phoca largha*）体纺锤形，灰黄色，背部多具深色斑点。头圆眼大，吻短而宽。四肢具蹼，蹼上被毛，前肢内趾长而外趾短。

（9）奇蹄目（Perissodacthla）中趾发达，具蹄。门齿适于切草，白齿齿冠高。盲肠大。

斑马（*Equus zebra*）似马，但较粗短；全身满布黑白相间的斑纹。吻端黑色。

野马（*Equus przewalskii*）头顶至肩有短而直立颈鬃。尾长，尾根至尾尖都有长毛。

（10）偶蹄目（Artiodacthla）3、4趾发达，具蹄。上门齿退化或消失。单胃或复胃。

野猪（*Sus scrofa*）家猪的祖先。头圆、吻部突出。体被刚硬针毛，背上鬃毛显著。毛呈黑褐色，幼猪浅黄褐色，背上有6条淡黄色纵纹。雄猪具向上翘形成獠牙。

獐（*Hydropotes inermis*）两性均无角，雄性具獠牙。无额腺，眶下腺小。尾极短，被臀毛遮盖。毛粗而脆。幼体被纵列的线斑。

赤麂（*Muntiacus muntjak*）小型鹿科动物。毛多为赤栗色，幼体有斑点。面部两道黑褐色纹从头顶两边下伸至鼻端。额腺明显。雄性有角和獠牙。

水鹿（*Cervus unicolor*）体粗壮，粗硬毛栗或灰揭色。角三叉。尾短密生黑色长毛。

双峰驼（*Camelus bactrianus*）颈细长。耳壳小。鼻孔裂状，3、4 趾发达，驼峰 2 个。

四、实验报告

（1）简述原兽亚纲、后兽亚纲和真兽亚纲的主要分类特征。

（2）试比较食虫目、啮齿目和兔形目，鲸目和鳍足目的异同。

（3）以代表动物为例，试述哺乳动物各目的主要特征。

（4）许多哺乳动物为什么成为重点保护动物？

第三篇

标本制作篇

实验十八　动物标本的采集、制作和保存

一、动物标本采集、制作的用品准备

（1）采集捕捉用具。浮游生物网、昆虫网、鸟网、蛇叉等。

（2）采集袋。昆虫采集袋、塑料桶、三角纸袋等。

（3）处理用具。镊子、剪刀、广口瓶、注射器、毒瓶等。

（4）标本制作用具。标本瓶、昆虫标本盒、昆虫针、展翅板等。

（5）记录鉴别用品。碳素笔、采集记录本和标签纸以及有关动物鉴定的图谱、实习手册等参考资料。

（6）处理动物标本所需药品。70%酒精、75%酒精、80%酒精、5%～10%甲醛溶液等。

二、动物标本的采集、制作和保存

（一）扁形动物标本的采集和制作方法

（1）标本采集。涡虫生活在山间溪流的石块下面。采集时用镊子或毛笔将虫体轻轻从石头上取下。

（2）标本制作。将虫体直接放入0.5%～0.8%铬酸中杀死，数分钟取出，保存在10%甲醛溶液中或75%酒精中。

（3）常见种。日本三角涡虫（*Dugesia japonnica*）、笄蛭涡虫（*Bipalium Kewense*）。

（二）环节动物标本的采集和制作方法

（1）采集与观察。尾鳃蚓与颤蚓常生活在淡水污泥、水田、阴沟中，以头部插入泥内，尾部露在泥外，在水中不断摆动，借以击动水流，进行呼吸。采集时，用铁铲迅速将该污泥一起铲起，放入广口瓶中带回观察。日本医蛭与金线蛭常生活在水田中，可用水网捞取或用镊子夹起放入广口瓶带回。

（2）标本制作。放入容器内，加少许水，后用95%酒精逐步滴入麻醉，待虫体触之不再收缩时，即可转入70%酒精中保存，同时给虫体内注入适量的70%酒精。

（3）常见种类。水丝蚓（*Limnodrilus hoffmeisteri*）、颤蚓（*Tubificid worms*）、日本医蛭（*Hiruda nipponia*）、宽体金线蛭（*Whitmania pigra* Whitman）等。

（三）软体动物标本的采集和制作方法

（1）采集与观察。腹足类多生活在池塘或水田等处，易于发现和采集。

（2）标本保存。腹足类标本采得后，立即洗净，先放在小缸内，让其自由伸展，后用95%酒精或薄荷脑逐渐加入，使动物麻醉。然后移入10%甲醛溶液中保存。

（3）常见种类。中国圆田螺（*Cipangopaludina chinensis* Gray）、方形环棱螺（*Bellamya quadrata*）、耳萝卜螺（*Radix auricularia*）、尖口圆扁螺（*Hippeutis cantori*）、灰蜗牛（*Fruticicola ravida*）、条华蜗牛（*Cathaica fasciola*）、同型巴蜗牛（*Brdybaena similaris*）、野蛞蝓（*Agrlolimax agresis*）等。

（四）节肢动物标本的采集和制作方法

1. 甲壳纲

（1）采集与观察。甲壳类小型种，多生活在浅水池塘、水稻田等处，可用水网捞取。大型种类如溪蟹生活在溪流中，可用水网或手直接捕捉。

（2）标本制作与保存。采得材料后，可直接用70%酒精固定或保存。

（3）常见种类。沼虾（*Macrobrachium nipponense*）、中华新米虾（*Neocaridina denticulata*）、溪蟹（*Potamon denticulata*）、鼠妇（*Porcellio scaber*）等。

2. 蛛形纲

（1）采集。发现后，不予以惊动，左手用指管口轻轻对准蛛体，借右手将蜘蛛按入指管中。较大型的，用采集网或大的容器套捕。

（2）标本制作与保存。大型蜘蛛可用95%酒精麻醉固定，一日后再换一次70%酒精，即可长期保存。

（3）常见种类。东亚钳蝎（*Buthus martensii*）、七纺器蛛（*Heptathela* sp.）、大腹园蛛（*Araneus ventricosus*）、漏斗网蛛（*Agelenopsis* sp.）、跳蛛（*Salticid* sp.）等。

3. 多足纲

（1）采集。多生活在石块、腐烂树叶堆中。多足纲动物具有毒腺或臭腺，采集时，须用镊子夹取，不能空手直接捕捉。

（2）标本制作与保存。直接用70%酒精固定，24h后，换酒精一次，过数小时后再换一次，即可移入同浓度酒精中长期保存。

（3）常见种类。少棘蜈蚣（*Scolopendra subspinipes* mutilans）、马陆（*Julus* sp.）、大蚰蜒（*Thereuopoda* sp.）等。

4. 昆虫标本的采集和制作方法

（1）昆虫标本的采集季节、环境、地点和时间。昆虫栖居的环境多样，树上、石块下、土壤中、木堆中、杂草烂叶下等处都有许多昆虫生活。晚春、早秋是昆虫生长的旺盛季节，也是采集昆虫的最好季节。根据各种昆虫的生活规律和生态分布特点，选择山地、溪流、田间以及植物种类复杂、昆虫分布多的地方，选择温暖晴朗的日子进行采集能有较好的收获，采集的时间，白天活动的昆虫在10：00—15：00，夜间活动的昆虫在傍晚。

（2）昆虫标本的采集注意事项。采集要细心，注意标本的完整性，勿损伤昆虫的附肢、触角、翅等部分，否则降低标本的价值，给标本的鉴定带来困难。凡采集到的昆虫一律保管好，防止老鼠、虫子等破坏。不要将不同时间、地点采集的标本混放在一起。采集时，还要做好全面的记录，如编号、采集时间、地点、采集人、采集环境、昆虫大小、体色、寄主和海拔高度等。

（3）昆虫标本的采集方法。

①网捕法。用于捕捉会飞或静止的昆虫。捕捉时，两手紧握捕虫网柄，网口逆向对准昆虫飞行方向，迎面兜去，尔后立即把网口折转过来，即可获得要采集的标本。蜂类用镊子取出放入毒瓶，蝶类要从网外用手捏住其胸部，使其窒息而死，另一只手从网内取出昆虫，两对翅向上对叠放入三角纸袋中。其他昆虫可放入毒瓶中。

②扫捕法。手握扫网柄在草丛上方划"8"字形左右扫捕，边扫边前进。当扫进一定数量的昆虫并集中到底部的小瓶中时，先倒入毒瓶中杀死，再倒在白纸上挑选需要采集的标本保存。

③振落法。捕捉树上的鞘翅目、半翅目昆虫时，将白布铺在树下，摇动、敲打树枝，佯死昆虫掉落到白布上，用镊子将大昆虫夹入毒瓶，用吸管吸取小昆虫。

④搜捕法。野外难以看到的昆虫，要根据昆虫的生活环境和习性的不同，用耳听、眼看的方法去寻找。例如，蚜虫在植物嫩芽或叶下面生活，在水中能采到蜉蝣目、蜻蜓目、半翅目的水黾类、鞘翅目的龙虱等。

⑤诱集法。利用许多昆虫具有趋化性、趋食性、趋光性、背光性等习性，进行诱捕。各种蛾类和甲虫可用灯诱法，喜食蜜糖的甲虫、蝶类和蝇类，可在树干上涂一些糖浆进行食物诱捕。

（4）昆虫标本的制作与保存。采集到的标本要及时处理，以便能长久完整地保存，供研究和教学使用。其方法和步骤如下。

①干制标本制作：制作干制昆虫标本的关键是快速干燥和防虫蛀。为防标本腐烂，可用注射器向虫体内注入 20% 甲醛液 0.2ml。整理后，置于泡沫板上，在通风处晾干。

针插标本方法：若虫体干硬则须软化后再插针。直翅目昆虫从前翅基部上方偏右插针；鞘翅目昆虫应该插在右边翅的左上角处，使针正好穿过胸部腹面中足和后足之间；半翅目、同翅目的昆虫，应该插在小盾片偏右方的位置上，这样就不会损坏虫体腹面的口器槽；其他各目昆虫，如鳞翅目、蜻蜓目、膜翅目、双翅目等，应该插在中胸的正中央部位。

展翅及保存方法：需要观察翅脉或展览的昆虫，制作标本时需要用展翅板展翅。先将插好针的虫体放置于展翅板沟内，并把虫体摆正。虫体要和沟面平，使翅正好放在展翅板上。接着用光滑透明的纸条压在左右两翅上，纸条两端用大头针固定。整翅（直翅目、鳞翅目、蜻蜓目昆虫，两前翅后缘左右成一直线，后翅成飞翔状，双翅目、膜翅目的昆虫前翅的顶角与头左右成一直线）完毕后，然后整形，使昆虫头部端正。触角成倒"八"字形。展翅完毕，要把带有标本的展翅板放在通风处，使自然风干。3~4d 后，小心移到昆虫盒里保存，盒里放置樟脑丸以防虫蛀。

②浸制标本制作：浸制保存液有多种，可根据需要选择。

酒精：将昆虫于30%酒精中浸泡24h后，移入75%酒精（加入0.5%～10%甘油）中保存。蚜虫标本可直接放入70%酒精中保存。

甲醛液：也可将昆虫放入甲醛液（40%甲醛1份＋水17～19份混合均匀）中保存。

（五）两栖动物标本的采集和制作方法

1. 采集

根据两栖类昼伏夜出的习性和集中到产卵水域活动的特点，对活动跳跃能力强的种类，如黑斑蛙、金线蛙、中国林蛙等，可在傍晚利用手电照射，直接或结合利用采集网捕捉，用诱钓法像钓鱼一样用蚱蜢之类做诱饵钓捕，对活动能力弱的种类，如中华大蟾蜍、花背蟾蜍等可用手直接捕捉。

2. 标本制作与保存

（1）将采集到的动物放进密闭容器中，加入乙醚进行麻醉。当动物深度麻醉或刚窒息死亡后，取出清洗，放到解剖盘内进行标本的测量，并将标本的编号、采集日期、采集地点等均要记录到登记卡上。

（2）用10%甲醛溶液注入体腔后系上编号标签，然后将标本整形、放入盛有10%甲醛溶液的容器内浸泡24h固定。固定后的标本装到盛有5%～10%甲醛溶液或75%酒精溶液内保存。

（六）爬行动物标本的采集和制作方法

1. 采集

蜥蜴类可用采集网扣捕、软树条扑打等法捕捉。蛇类用蛇叉等器具叉住其颈部后，用蛇钳夹住颈部装入采集袋内。

2. 标本制作与保存

（1）大、中型爬行动物需制成剥制标本，小型爬行动物可制成浸制标本。方法同两栖动物。

（2）标本体腔内注入10%甲醛溶液，整形、放入盛有10%甲醛溶液的容器内固定1～2d。然后将标本装到盛有5%～10%甲醛溶液或80%酒精中保存。

（七）鸟类和哺乳类动物标本的采集和制作方法

鸟类和哺乳类动物标本通常制成剥制标本，也可制成骨骼标本，具体方法见动物学实验指导的相关章节。

实验十九　脊椎动物剥制标本的制作

脊椎动物标本包括浸制标本和剥制标本两大类，浸制标本可参照无脊椎动物浸制标本的制作方法，而剥制标本又包括假剥制和姿态标本两类，现主要以鸟类为例加以介绍，其他类群标本可参照鸟类标本的制作方法。

一、目的和内容

（一）目的

（1）了解脊椎动物的躯体结构。
（2）学习脊椎动物标本的制作方法。

（二）内容

鸟类假剥制标本和姿态标本的制作。

二、实验材料和用品

制作标本的活体鸟类。

解剖器、解剖盘、针、线、脱脂棉、铁丝、铁钳、直尺、毛刷、标本台板、石膏粉、石炭酸、乙醇饱和溶液、三氧化二砷等。

三、实验操作及观察

（一）假剥制标本

假剥制标本又称研究标本，主要作为教学和研究之用。熟练掌握假剥制标本的制作技术，是制作姿态标本的前提和基础，可看做是鸟类标本制作的入门训练。同时，假剥制标本因其自身的特点（制作简单、便于收藏、适合研究测量）又是重要而常用的一类标本。标本制作是一项细致的工作，小心认真是前提条件，还需要对用于制作标本的鸟类生活姿态有一定了解。制作过程如下。

1. 测量记录

科研教学用标本在剥制前应进行测量，测量内容主要为体重、体长、翅长、尾长、跗跖长、性别等。

2. 材料的选择及去污处理

制作标本的材料要选择羽毛、喙及趾完整，尤其飞羽和尾部的羽毛要无损坏和丢失，羽色艳丽，干净无污物，皮肤无损或轻度损伤者。选择的材料有活的和死的两种，活体材料需在剥制前 1～2h 将其处死，待血液凝固后，方可进行剥皮。否则剥皮时血液极易流出而污染羽毛。处死的方法有窒息法、注射空气法、药物熏死法等。死的材料，其羽毛上经常粘有污物或血液，在剥皮前要用清水将其洗净，然后涂以石膏粉，经 2～4h 羽毛干透后，去除石膏粉，就会使羽毛恢复自然状态。清洗污物时，不要用化学药品，也不要来回擦洗。应顺着羽毛的长向清洗，否则容易损伤羽毛。

3. 剥皮

剥皮前除选材、处死、去污、测量以外，还要细致观察鸟的外部形态和了解其内部构造特点，尤其是各部羽毛的自然位置情况、胸部和腿部的肌肉分布及虹膜的颜色等。根据开口位置的不同，剥皮可分为胸开法和腹开法，现以胸开法为例加以说明。

使鸟横着仰卧于桌上，用手或镊子将胸部中央的羽毛分向两侧，露出皮肤，用解剖刀从龙骨突起的前端至末端切一直线开口，注意不要把肌肉切破。将刀口向上，沿皮肤切开处向颈部方向挑割少许，至颈项后端显露为止。在切开的刀口处涂上一些石膏粉，以防血液、脂肪液等污染羽毛，然后将皮肤向两侧分离，直至两侧腋部（图 19 - 1）。

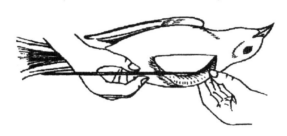

图 19 - 1　胸两侧皮肤的剥离（自易国栋等）

右手持鸟体，左手将鸟的头部向胸部推，颈椎便可露出，剪断颈椎、气管和食道。如果鸟的嗉囊较大，应用线将食道结扎，以免食物溢出。用左手拎起连接在躯体上的颈椎，右手慢慢剥离肩、背和肱部的皮肤。剥离后，用解剖剪在肱骨的 1/2 处剪断，然后继续向体背和腰部方向剥离。再分离腿部皮肤，使股骨和胫骨全部露出，在二者的关节处剪断，继续剥离腹部时，注意不要弄破腹腔，剥完腹部后，剪断尾与腹部的连接处（尾综骨），注意不要伤及尾羽的羽根，以防尾羽脱落。

这样，鸟的躯体就可取出，再分离余下的四肢、颈部和头部的皮肤，并剔除肌肉。在枕骨大孔处断开颈椎与头骨的连接后，用镊子清除脑颅内脑液，去除眼球、舌及下颌的肌肉。

制作大型鸟类标本及展翅标本。需在尺骨处的腹面开口剥去肌肉。有些种类的头骨很大，剥皮时须在颈部背面单独开口，处理后再缝合，有些鸟类的附属结构（如鸡冠、肉垂等）也要开口处理，大、中型鸟类跗跖部的肌腱也应取出，否则日久会腐烂。剥完皮后，要马上打开腹腔检查性别，因为有些种类很难靠外形来辨别雌雄（图 19 - 2 至 19 - 8）。

4. 防腐处理

在涂药之前，要仔细检查皮张，如果发现较大的破洞，应在内侧用线缝合，若剥皮

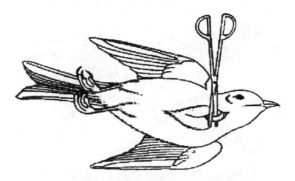

图 19 - 2 颈部的截断位置（自易国栋等）

图 19 - 3 肩、背部的剥离（自易国栋等）

图 19 - 4 腰部的剥离（自易国栋等）

图 19 - 5 后肢的剥离及截断位置（自易国栋等）

过程中有血污或油污黏到羽毛上，应清洗干净。

鸟类皮张上留下的头骨和肢骨等，要涂上石炭酸、乙醇饱和溶液防腐，皮张用三氧化二砷防腐膏全面涂抹防腐。涂完防腐膏后，再将皮肤翻过来，使羽毛朝外，用手捏着

图19-6 尾部的截断位置（自易国栋等）

图19-7 翅的外剥口线（自易国栋等）

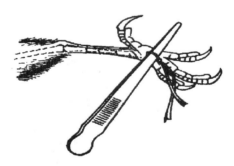

图19-8 肌腱的取出位置（自易国栋等）

喙，将鸟皮拾起，用毛刷从头到尾顺着羽毛轻轻拍打，除去污物，使羽毛蓬松自如，留待填充。

5. 填装

不同类型的标本，填装方法也不同。一般有假剥制标本（研究标本）的填装和生态标本（姿态标本）的填充。生态标本的填充另作介绍。

将前面已经处理好的鸟皮翻过来，使之内表面向外。先用棉花搓成与眼球大小相等的棉球塞入眼窝，在胫骨和尺骨上缠以棉花或竹丝。使其粗细和形状与带有肌肉时相同。将前肢和后肢翻过来恢复原状，取一段铁丝，截取比嘴基至尾基稍长一点的长度，使其一端插入枕骨大孔内，并用棉花固定好，将头翻过来恢复原状，另一端插入余下的尾骨内，它将代替脊柱的作用。然后在铁丝下，即鸟的背部，填入一块棉花，从前端一直到尾基部，其厚度和宽度要适中。再将肱骨拉出，放到背部的棉块上，用棉花从前向后分别将两侧肱骨压住，继续填充腹部和胸部，颈部的填充物不要过多。胸部的填充要丰满一些，也可以边缝合边向胸部填充。填充好以后要缝合，缝合好的标本要立即进行整形（图19-9）。

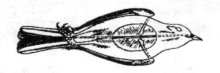

图19-9　假剥制标本的填装（自易国栋等）

6. 整形

假剥制标本的整形要简单一些，将羽毛整理成自然状态，颈部要收回，不要太长，胸部突出，腹面向上放着。整完形后，常用一片脱脂棉包起来后干燥，以防止变形。有些种类有冠羽，其头部要向一侧转动，颈部或腿部特长的种类，可使之向身体方向折回。

标本整形后，标签要用线系在腿上。鸟类标本的干燥应放在通风、干燥、无阳光直射处。而且应一边干燥一边整形，整形一般需2~3次（图19-10）。

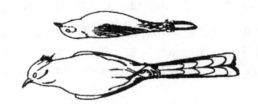

图19-10　整完形的假剥制标本（自易国栋等）

（二）姿态标本

姿态标本又称生态标本，供教学和展览使用。这种标本可制成各种生活姿态，因而标本更为美观和生动，要求制作者熟悉用于制作标本的鸟类生活姿态。标本的前期制作过程与假剥制标本相同。这里只介绍填装和整形。

1. 填装（图19-11，19-12）

图19-11　填装用的假体（自易国栋等）

常用的填装方法有两种，即假体法和填充法。

（1）假体法填装。假体法是将填充材料捆成一个形状与鸟体基本相似，而比鸟略小的一个假体，再装入皮内制成标本的方法。

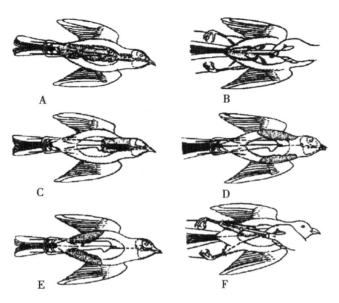

图 19 - 12　各部位的填充 A — F（自易国栋等）

假体法一般不易掌握，尤其是初学者很少使用，它要求具有熟练的标本制作技术和经验，以及丰富的鸟类生态学和形态学知识。假体法主要包括以下几个步骤：制支架、缠绕捆扎、填入鸟体内、补填、缝合等。假体法主要用于一些大型鸟类，尤其是一些大型的猛禽类。

（2）填充法填装。该方法简便、省时，整理姿态时灵活机动，容易掌握，效果也较好。尤其对于中、小型鸟类更为适宜。填充前制作一个铅丝支架代替骨骼而装入体内，再逐步填入填充物、缝合、整形。铅丝支架的制作方法是先量取一段适当粗细的铅丝，其长度为鸟喙到趾端长的 1.3 倍（鸟体仰卧伸直时），另取一段较前者长 6cm 左右（颈部长的种类要适当延长）的铅丝，按一定的顺序绞合，折成铅丝支架，绞合处不要松动。

充填时，把已安装好铅丝支架的鸟皮仰卧于桌上，使头向左，胸腹向上，便可以按假剥制标本的填充方式和顺序进行填充。

与假剥制标本不同的是，要根据姿态标本的造型要求，哪个地方多填或少填，后肢股部的肌肉要显露出来。所以，制作生态标本，其填充和整形往往同时进行。填充完后便可以缝合，一般中、小型鸟类用民用缝合针线缝合即可，大型鸟类用医用针线缝合。缝合时应从刀口的前端向后端缝合，从皮的内面扎入，外表面拔出，顺羽毛的长向牵拉，两侧交叉进行缝合，每针之间的距离一般根据鸟体大小而定，并非越密越好。线不要拉得太紧，最好保留胸腹部裸区的宽度，否则会影响羽毛的自然位置和美观。

2. 整形（图 19 - 13，19 - 14）

整形就是把已经充填好的标本，整理成某种自然姿态，并把羽毛整理齐，装入义眼等工序后，使其站立在树枝或标本台板上。义眼的大小和颜色要符合实际、台板的大小要适宜。整形是鸟类剥制标本过程中极为重要的一个环节，标本做得是否生动、逼真，

图 19 – 13　剖口线的缝合（自易国栋等）

图 19 – 14　整形后的姿态标本（自易国栋等）

和整形工作有着密切的关系。如果是展翅标本，翅部羽毛需要固定，待干好后再取下。在整形过程中，胸、背、后颈的羽毛，由于鸟皮来回地翻动，常使羽毛变得蓬松，所以整形后应用薄的脱脂棉长片将标本缠绕加以固定，待干好后取下。

四、实验报告

（1）简述鸟类的躯体结构特征。

（2）归纳脊椎动物剥制标本制作过程及要点。

实验二十　脊椎动物骨骼标本的制作

在脊椎动物的演化过程中，骨骼系统的变化相对地比较明显。脑的发展，肌肉附着点和消化呼吸等内脏系统的改变以及神经、血管的分布等，都能在骨骼系统上留下痕迹。加上脊椎动物的化石材料主要是骨骼，因而骨骼系统是研究脊椎动物进化史及比较解剖学的重要内容。在观察脊椎动物骨骼系统时，通常需要先做成骨骼标本，以便于长期保存及整体观察。

一、目的和内容

（一）目的

（1）基本掌握脊椎动物的骨骼特点。
（2）学习脊椎动物骨骼标本的制作方法。

（二）内容

脊椎动物骨骼标本的制作。

二、实验材料和用品

脊椎动物各纲代表动物活体材料，如活鲫鱼或鲤鱼、青蛙或蟾蜍、鳖、家鸽或家鸡、兔等、任选一种用于骨骼标本制作（图 20 – 1）。

解剖器、解剖盘、线、大头针、脱脂棉、铁丝、电钻、牙刷、木板、乙醚、氢氧化钠或氢氧化钾、过氧化氢或漂白粉、三氯甲烷、汽油、粘贴胶水等。

三、实验操作及观察

不同的脊椎动物，在骨骼标本制作上常有不同的要求和特点，但其制作步骤基本相同。现以青蛙（或蟾蜍）及家兔为代表，将骨骼标本的一般制作方法介绍如下。

（一）青蛙（或蟾蜍）的骨骼标本制作（图 20 –1）

1. 处死
选择体形大而完整的青蛙（或蟾蜍），放入标本缸中用乙醚或三氯甲烷深度麻醉致死。

2. 剔除肌肉
用剪刀剪开腹部皮肤，注意不要剪坏剑胸软骨。然后向两侧剪开，分别向前后四肢

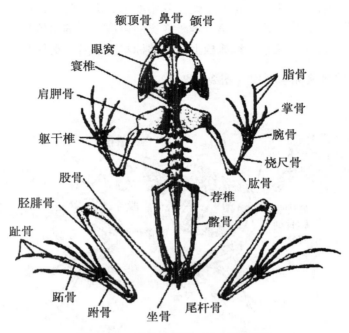

图 20-1　青蛙的骨骼（自刘凌云等）

各方向拉下皮肤，小心不要拉断指、趾骨。剪开体壁，取出全部内脏。把左、右上肩胛骨的肌肉从第 2、第 3 脊椎横突上剥离，左右前肢与肩带之间不要分开，仍借助韧带保持相连。剔除前肢肌肉时，用镊子夹住前肢放入开水中煮烫，使肌肉发紧变硬，利于剔除。但时间要短，避免骨连接处分离。尤其是指、趾骨部位，只需在开水中蘸一下即可，否则韧带收缩，指、趾骨变弯曲，给整形带来困难。去除指骨肌肉时，也可先将指骨摆放在载玻片上，用细线缠紧再放入开水中，以防卷曲或脱落。后肢在股骨与腰带连接处取下来，按前肢处理方法剔除肌肉。头部和脊柱先在开水中稍煮一下，然后剔除其肌肉。去掉眼球，从枕骨大孔处用镊子清除脑髓，并用清水冲洗。在骨骼上，不易剔除的碎小肌肉，可用刷子刷洗，直到清除干净为止。对薄小的舌骨，应仔细清除肌肉，然后夹在两片载玻片之间，用线缠紧，自然干燥。

　　3. 脱脂

　　把骨骼浸泡在 0.5% ~ 0.8% 氢氧化钠溶液中 1 ~ 3d，去除一些难以除去的肌肉，脱去骨骼中的油脂。在浸泡过程中应经常检查，以防骨骼脱散，然后取出在清水中漂洗干净。

　　4. 漂白

　　用 0.5% ~ 1% 的过氧化氢漂白 30min，或用 1% ~ 3% 的漂白粉水溶液浸泡 1 ~ 3d。浸泡时间灵活掌握，主要看骨骼是否已经变白，变白后马上捞出，否则，骨面会被腐蚀而变得粗糙，失去骨骼的光泽。捞出的骨骼用清水冲洗干净并晾干。

　　5. 整形和装架

　　取一块泡沫塑料板，将骨骼放在上面。整形时，把躯体和四肢的姿态整理好并按骨骼相应的位置用大头针固定，以免在干燥过程中变形。离散的骨骼可用乳胶将其粘连起来。两块上肩胛骨应附着在第二、第三椎骨横突的两侧，头部略抬起呈倾斜状，前肢的腕骨和后肢的趾骨可用乳胶粘在泡沫板上。骨骼标本制成后，最好装入标本盒中保存。

（二）家兔的骨骼标本制作（图 20 - 2）

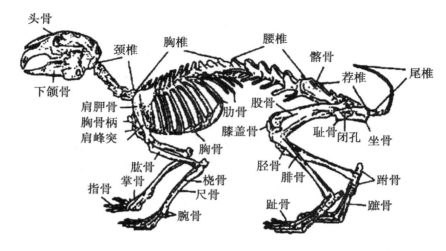

图 20 - 2　家兔的骨骼（自黄诗笺等）

1. 处死

家兔的处死不宜用窒息的方法，以免淤血积于骨髓中，使骨骼不易漂白。可采用剪断颈动脉，放血的方法杀死动物。

2. 解体

将家兔的皮肤自腹面剪开，然后使其和躯干肌分离，最后将皮肤完全剥下，注意不要损坏尾椎骨。剪开腹壁，去除内脏，此时需注意保护肋骨。尤其是软肋部分。初步去掉四肢及其他部位的大块肌肉，去肉过程并无一定次序，但应注意勿损伤各关节之间的韧带。

按照家兔骨骼构造上的特点，把尸体分解成头部、躯干部和附肢部。在分开头部和躯干时，先把两者间的肌肉剥除，找到枕骨髁和寰椎的关节部位，割断彼此间的韧带，即可达到分离的目的。此时注意保留锁骨，以免丢失和损坏。

3. 剔除肌肉

头骨上的肌肉不易剔除，可将头骨稍煮。在热水中浸煮的时间应根据不同部位的骨骼分别对待。家兔四肢骨中的腕、掌、指骨、跗、跖、趾骨等部位，及肋骨的软肋骨部分，都不宜在沸水中久浸。骨面凹凸不平部位的碎小肌肉，可用牙刷洗刷，以便清除干净。剔除肌肉时，注意不要把膝盖骨失落。

脑和脊髓必须除净，去脑时可先用镊子或解剖针自枕骨大孔插入，将脑捣碎。然后再用镊子卷一团棉花通入颅腔，把脑挤出，最后用清水冲洗。除脊髓的方法可用小镊子分段自椎间孔中取出，或用细长的小刷伸入椎管中来回刷洗，直到清除干净为止。

长骨中的骨髓，也必须去掉。清除的方法是先在长骨的两端钻一孔，用注射器吸满水自一端注入骨髓腔中，骨髓则从另一孔中随水流出，经几次冲洗，大部分骨髓可以除净。此项工作应较早进行，时间久了骨髓会和骨骼干结在一起。

剥净后的骨骼可用清水冲洗。如有剥散的小骨片。要注意保存，留待以后装置时使用。

4. 腐蚀和脱脂

腐蚀和脱脂的目的在于将不易剔除的残留肌肉去掉及除去骨骼中的脂肪，以免在长期保存中骨骼发霉及变黄。将骨骼浸于 0.7% ~ 0.9% 氢氧化钠溶液中数日，应随时观察腐蚀的情况，残留在骨骼上的肌肉膨胀成半透明状态，把骨骼取出用清水冲洗，再剔除残留肌肉，在浸泡中，经常拿出用水冲洗，直到完全剔除干净。最后，将骨骼浸泡在汽油中脱脂 7 ~ 10d。用汽油作脱脂剂时，容器应密闭，以防汽油挥发。用到一定时候的汽油，因脂肪已达到饱和状态，这时应更换汽油，以保证去脂效果。

5. 漂白

将骨骼浸在 10% 过氧化氢中 1 ~ 2d。漂白时间取决标本的大小及当时的气温，以漂到洁白为度，时间不宜过长，否则较小的骨片易脱落。漂白后取出，用清水冲洗干净并晾干。

6. 整形和装架

先用一根粗细适宜的铁丝，前端打结缠上棉花，蘸些乳胶，从头骨的枕骨大孔处插入颅腔固定。然后把另一端由颈椎经胸椎穿入尾椎，穿的时候要注意随体形的弯曲而弯曲。头骨的下颌可用 2 条自制的小弹簧把下颌钩在眼眶上，这样，下颌就可以上下活动了。

再用较细的铁丝或细铜丝按原来距离把浮肋扭结起来，末端固定于腰椎上。四肢骨在各骨两头钻孔，而后将铁丝插入，穿连起来。前肢连于肩胛骨上，肩胛骨用细铁线和第一肋骨连接。后肢从髋臼处用已穿入后肢内的铁丝和腰带相连接。

当整个骨架连好以后，放置在台板上。用 2 根长短适宜的粗铁丝支撑标本，一根固定在颈椎后部，一根固定在腰椎上。前、后肢关节自然弯曲，将穿入四肢骨的铁丝下端固定在台板上。

四、实验报告

归纳脊椎动物骨骼标本制作过程及要点。

实验二十一　脊椎动物血管注射标本的制作

在解剖和观察脊椎动物血液循环系统时，为了显示血管的分布，常采用向动物的心脏或血管内注射有颜色的填充剂的方法。通常将动脉注射红色，静脉注射蓝色，注射后血管饱满并有颜色，便于观察。在脊椎动物各纲中，选取有代表性的种类，进行血管注射后或直接观察已注射的标本，以了解血液循环系统的演化。

一、目的和内容

（一）目的

（1）掌握脊椎动物血液循环系统的特点。
（2）学习脊椎动物血管注射标本的制作方法。

（二）内容

脊椎动物血管注射标本的制作。

二、实验材料和用品

脊椎动物各纲代表动物活体材料，如活鲫鱼或鲤鱼、青蛙或蟾蜍、鳖、家鸽或家鸡、兔等，任选一种用于血管注射标本的制作。

解剖器、解剖盘、注射器（5～10ml）、5～9号针头、100ml烧杯、水浴锅、玻棒、白线、脱脂棉、乙醚、明胶、颜料（油红、洋蓝）、标本瓶、玻璃板、甲醛等。

三、实验操作及观察

（一）脊椎动物血管注射标本的制作

制作的一般方法和步骤

（1）准备材料。挑选体形完整的活体材料。鱼可放在空气中自然窒息而死，其他各类动物可用乙醚麻醉致死。

（2）解剖。对各类动物进行局部解剖，要暴露出心脏和分离出注射部位的血管。解剖前应先了解该动物心脏的结构和血管分布特征，解剖过程中要小心操作，切勿损伤内脏和大的血管。

（3）注射。注射色剂的种类很多，常用的有明胶填充剂色液和淀粉填充注射色液。明胶填充剂色液的配制方法为：明胶20～25g，颜料（红或蓝）3～5g，水100ml。将明胶按比例加水浸泡 3~4h，待充分软化后于水浴锅中隔水加热，直至使其完全溶解。加入研磨成粉末的颜料（也可用膏状的广告色代替），搅匀，用双层纱布过滤后即可使用。本液优点是容易注射，在解剖时如不慎损伤血管，注射液也不易外流，而且可用明胶进行粘接，其缺点是注射液及用具都需加温，在冬季，可适当降低明胶的用量以降低凝结速度，且应尽可能在动物体温未散失时注射（或给预注射的动物浸在温水水浴中保温）。使用过程中，注射液须始终在水浴锅中隔水加热。若注射色剂未用完可加少量的麝香草酚防腐，留待后用。

不同动物的注射部位不同，常用的部位为：鱼类红色液注入尾动脉，蓝色液注入尾静脉；两栖类红色液注入动脉干或心室，蓝色液注入腹腔静脉；爬行类红色液注入心室或动脉弓，蓝色液注入颈静脉；鸟类红色液注入心室或左右无名动脉，蓝色液注入右心耳，也可红色液注入颈动脉，蓝色液注入颈静脉；哺乳类红色液注入总颈动脉或股动脉，蓝色液注入总颈静脉或股静脉。

双色注射时，一般先注动脉后注静脉，注射静脉前必须抽出部分静脉中的血液，以免注射时涨破血管。为隔绝动脉和静脉或其他部位的血管，在注射前或后应根据各类动物血液循环的类型和注射部位的选择用棉线结扎有关部位的血管。

（4）整理和固定。注射完毕，待注射液冷凝后，将标本放入 10% 的福尔马林液中固定一周以上后，从固定液中取出标本，水洗，整理形态，把用不着的皮肤和脊椎骨等去掉，把应该显示的部分——显露出来。将已整理好的标本浸入 10% 的福尔马林液中保存。

（二）蟾蜍血管注射标本制作实例

1. 解剖

将已麻醉的蟾蜍放于蜡盘上，将四肢和上腭用大头针钉牢。沿腹中线稍偏一侧将腹壁剪开，注意不要损伤内脏，更不能将腹腔静脉（在腹部中线下）剪破。在胸骨的后端小心地剪开胸骨，使心脏和动脉干裸露出来。用镊子轻轻提起心包，剪去心包，准备注射。

2. 注射

（1）动脉注射。注射部位为心室。取两条线段用于结扎，两条线均在心脏前方动脉圆锥基部的背面穿过，将其中的一条打一活结并套在心室的背面，即心室和静脉窦之间，使此结扎紧以隔绝动脉和静脉之间的通路，再将另一线段在动脉圆锥上方打一活结待用。在心室中插入 8 号针头，用针管吸取红色注射液 3~5ml，套在针头上徐徐注入，直至肠系膜及胃部的小血管显红色时即可，此时将第 2 根线段扎紧以隔绝动脉和心室。接着将心室中红色液抽出一部分并再注入少量暗红色液（红色液中加少量蓝色液）以示心室内为混合血。用冰块凝结针孔并取下针头。

（2）静脉注射。注射部位为腹腔静脉。当动脉与静脉的通路结扎好后，用镊子小心地分离出腹腔静脉，将左手食指垫在腹腔静脉下，右手取 5~7 号针头插入，向心方向向前部注入蓝色液 5~6ml 至肝脏和胃壁上的静脉充满蓝色液时，待凝结后拔出针头。然后再向后部注入 1~2ml 蓝色液以显示下肢静脉。冬季注射时应使动物保持一定的温度以便注射液在血管中很好流动，可将动物置温水中注射，注射器应放在热水中预热。

3. 浸制

（1）固定。待注射液冷凝后，放入 10% 的福尔马林液中固定一周以上。

（2）整形。从固定液中取出标本，水洗，适当去掉胸部和腹部两侧的肌肉，去掉背面的体壁以显示肺、体动脉弓、背主动脉、肾脏和输卵管，分离出股动脉和股静脉。

（3）保存。将已整理好的标本浸入 10% 的福尔马林液中保存。

四、实验报告

归纳脊椎动物血管注射标本制作过程及要点。

附录篇

附录一　动物学实验须知

　　动物学实验是检验和证实动物学理论知识的必要途径，同时又是培养学生严肃认真、实事求是的科学态度，努力提高学生动手能力、独立分析与解决问题能力的重要手段。总之，动物学实验是对大学生进行全面素质培养的重要环节。为了较好地完成每一个实验，必须严格执行以下规则。

　　（1）每次实验前必须预习实验指导，了解实验的目的要求、所用材料、实验操作的大致步骤和有关注意事项等。

　　（2）在实验前5min，携带实验工具或材料等准时进入实验室。进入室内后，应把自己的物品等放在指定地方，随时保持室内的安静和整洁，注意黑板上有关当天实验的提示，不做与本次实验无关的事。

　　（3）实验开始前应认真预习实验指导中所列出的相关内容和听取教师讲授内容，实验中应严格依据实验指导进行操作和观察，并作好必要的记录。整个实验过程尽量不依赖别人，只有确实经过自己的一番努力，仍未能明白时，才应及时请教师提供指导和帮助，不把本次实验的问题带出实验室。

　　（4）必须在规定的时间内完成实验，每次实验报告应在教师指定的时间内上交。实验结束后，应对实验材料和用具加以处理，特别注意把显微镜、解剖镜擦拭干净，放回原处。同时必须清理自己的实验桌，保持整洁。

　　（5）爱护实验室的设备和器具，如有损坏应主动向教师报告，按规定处理。注意实验安全和节约用水、用电。全体学生实验结束时，应安排学生轮流打扫实验室，关好门窗，检查水电，征得教师同意后方能离开实验室。

附录二　显微镜的构造及使用

利用显微镜对生物体的结构进行观察和研究。标志着对生命的研究从宏观领域进入到微观领域。随着人类对生物体结构和生命现象知识的不断深入，人们对生命本质的微观世界进行探索的欲望也越来越高。伴随着这一进程，作为生命科学研究重要工具的显微镜也发展到了今天的电子显微镜这样超高倍的观察水平。目前广泛使用的普通光学显微镜也从当初单筒式、外光源的最简单的结构形式发展成为今天具有双目镜、内光源和有许多功能的较高级的光学显微镜。对显微镜的了解和熟练使用，是作为一个从事生命科学研究者应具备的最基本的技能之一。

一、显微镜的构造

普通光学显微镜是由机械系统、光学系统及光源系统 3 部分组成。此处以介绍双筒显微镜为主（附图 2－1）。

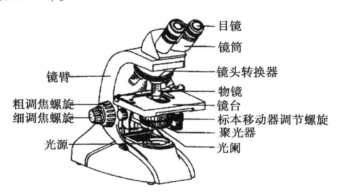

附图 2－1　光学显微镜的构造

1. 机械系统

主要对光学系统和光源系统起支持和调节作用。它包括：

（1）镜座与镜柱。镜座是显微镜底部的承重部分，可降低显微镜重心，使之不致倾倒。其后方有一直立的短柱称为镜柱，它支持着镜台。

（2）镜臂与镜筒。镜臂是镜柱以上的一个斜柄，便于手把握。镜臂的顶端安装有镜筒和镜头转换器。镜筒是镜臂前端的两个圆筒，其内安装目镜镜头。由物镜到目镜的光线便由此通过。调节左右镜筒之间的水平距离，以适应观察者两眼的眼间距，可使左右目镜的视野完全重合。

（3）镜台与标本移动器。镜台亦称载物台，是放置玻片标本的平台。其中央有一圆孔，称镜台孔，来自下方的光线可由此进入物镜。镜台上装有标本移动器（或称推进尺），标本移动器上的压片夹用以固定载玻片，镜台右下方有标本移动器调节螺旋，转动螺旋可前后左右移动玻片标本。标本移动器上还带有标尺，可利用标尺上的刻度寻找和记录所观察标本的位置。

（4）镜头转换器。是镜筒下端一个可旋转的圆盘，其上可装置数个物镜镜头，转动转换器可换用不同倍数的物镜。

（5）调焦螺旋。位于镜柱的左右两侧，有粗、细两个调焦螺旋，能使镜台升降，以调节物镜与所观察标本之间的距离，获得清晰的图像。粗、细调焦螺旋组合在一起，外周粗的螺旋为粗调焦螺旋，其升降距离较大，主要用于寻找目标物。低倍镜观察标本时，用粗调焦螺旋调焦距。粗调焦螺旋中央、周径较小的是细调焦螺旋，其升降距离较小，能精确地对准焦点，获得更清晰的物像，主要在高倍镜时使用。

2. 光学系统

亦即成像系统，分别由目镜和物镜构成。

（1）目镜。安装在镜筒上端，其结构是在一个金属圆筒上端装有一块较小的透镜、下端内侧装有一块较大的透镜，其作用是将物镜所放大了的物像进行再放大。每台显微镜常备有几个倍数不同的目镜，每个目镜上分别标有 5×、10×、12.5× 等放大倍数。

（2）物镜。由数组透镜组成，可放大物体。透镜的直轻越小，放大的倍数越高，每台显微镜均备有几个倍数不同的物镜，放大 40× 以下的为低倍镜，一般有 4×，10×，放大 40× 以上的为高倍镜，放大 100× 以上的为油镜。物镜是显微镜获得物像的主要部件，其作用为聚集来自光源的光线和利用入射光对被观察的物体做第一次放大。

3. 光源系统

由光源、聚光器和虹彩光圈构成。

（1）内光源或反光镜。在镜台孔正下方的镜座上有一个内置式电光源，镜座的后侧有电源开关，左侧或右侧有光量调节器，用以调节光线的强弱。旧式显微镜采用外光源，在镜台孔正下方的镜座上有一反光镜，它为一圆形的平、凹双面镜，接受外来光线并将光线反射到聚光器。平面镜反光较弱，用于光线较强的情况，凹面镜反光较强，用于光线较弱的情况。反光镜的方向可以任意转动调节，以选择适合的角度收集来自不同方向的光线。

（2）聚光器。在镜台孔下方，由 2~3 块凸透镜组成。作用是聚集来自下方的光线，使光线增强，通过镜台孔射入标本上，并使整个物镜的视野均匀受光，以提高物镜的分辨力。

（3）虹彩光圈。亦称可变光阑。位于聚光器下面，由许多金属片组成。推动操纵光圈的调节杆，就可调节光圈的大小，使上行的光线强弱适宜，便于观察。

二、显微镜的使用方法

1. 安放显微镜

打开镜箱，右手紧握镜臂，左手平托镜座，轻放桌上距离桌子边缘几厘米处，让目镜对着观察者。

2. 检查

检查各部件是否完好，镜身、镜头必须清洁。

3. 对光

配置内置式电光源的显微镜可直接打开电源开关，并调节光亮，使视野内的亮度达到明暗适宜，同时打开光圈。旧式显微镜应首先将虹彩光圈的孔径调至最大，将聚光器升至最高点，再将低倍镜对准镜台孔，镜头离载物台约1cm。这时，把反光镜转向光源，直到视野中的光线既明亮又均匀时为止。在镜检全过程中，根据所需光线的强弱，还可通过扩大或缩小光圈、升降聚光器加以调节。

4. 调焦

光线对好后，将玻片标本放在镜台上，有盖玻片的一面朝上，被检物体对准镜台孔正中，用标本移动器上的压片夹卡紧，然后调焦。转动粗调焦螺旋调节镜台与物镜间的距离，从侧面注视，以二者间距离5mm为度。然后自目镜观察，慢慢转动粗调焦螺旋，同时移动标本移动器，直到基本看清标本物像。

5. 低倍镜观察

用粗调焦螺旋调焦后，再轻轻转动细调焦螺旋，以便得到清晰的物像。如果观察的目标不在视野中央，可调节标本移动器，使之恰好位于视野中央。若光线不适，可拨动虹彩光圈的操纵杆，调节光线至适宜。

6. 高倍镜观察

在低倍镜下将欲详细观察的标本部分移至视野中央，再转动镜头转换器，将高倍物镜转至工作位置。适当调节亮度后，只需微微转动细调焦螺旋，就可看到更清晰的物像。由于显微镜下观察的被检物有一定厚度，故在观察过程中必须随时转动细调焦螺旋，以了解被检物不同光学平面的情况。

在高倍镜下，将玻片中的被检物按从上到下、从左到右的顺序移动、观察一遍，再由低倍镜转高倍镜反复观察几次，以熟练高倍镜的使用。用高倍镜观察后，若有必要，可再换用油镜观察。

7. 油镜观察

转动粗调焦螺旋，使物镜与镜台保持一定距离。滴1滴香柏油于玻片标本待观察的区域上，将油镜头转至工作位置，眼睛从侧面注视，转动粗调焦螺旋，直至油镜头浸没于香柏油内，几乎与载玻片相接触，但不能相碰。然后从目镜中观察，用粗调焦螺旋极其缓慢地向上调节至出现物像为止，再用细调焦螺旋调至物像清晰，此时还应适当增加光的亮度。如果镜头已提出香柏油而尚未见到物像时，应按上述过程重复操作。使用完毕，将镜头从香柏油中脱离，取下玻片，用擦镜纸擦去镜头和玻片上的香柏油、再用擦镜纸蘸少许二甲苯擦拭镜头上的油迹，然后用干净擦镜纸擦去镜头上残留的二甲苯。二甲苯用量不宜过多，擦拭时间应短。

8. 复原显微镜

使用完毕，关闭电源，将物镜镜头转开，取下玻片。擦净载物台和物镜，将各部分还原，装镜入箱。

三、几种特殊光学显微镜

1. 实体显微镜或称立体显微镜

这种显微镜因可观察不透明物体表面的立体结构而得名。它具有多种形式的外加光源照明器，也有镜体内同轴垂直照明，使光线落射到所观察的物体上。还有兼具透射光照明器、荧光照明器和许多其他照明系统，扩大了使用范围。对可变焦距立体显微镜装在转换器上两物镜使能快速连续地进行观察。一般放大倍数较低。新型的实体显微镜在向高分辨、高放大倍数发展。如 SZX12 镜总放大范围为 $2.1\times \sim 675\times$。

2. 暗视野显微镜

其外形结构与普通显微镜一致。最主要的不同点是聚光器。由光源来的光线经过聚光器使光束经过物体落在物镜前透镜的外边。因此视野是黑暗的，通过物体本身的光反射和折射的光进入物镜形成亮的像，即标本在暗的背景上呈现出发亮的图像。这种显微镜适于观察具较大反射率、不同折射率或较透明的细胞组织切片或装片标本。

3. 相差显微镜

这种显微镜有具环形光阑的相差聚光器、相差物镜和相板。它主要是利用折射率的差异（如存在于相物体的）以形成亮/暗反差。光线经过具环形光阑的相差聚光器、物体、相差物镜、将光束分为两部分，一部分是物体结构的折射光，另一部分不受物体影响的光，经过相板二者干涉，形成干涉图像，由于两束光的相移位接近 $\lambda/2$（半波长），可见反差分明的图像。适于观察较透明的或染色反差小的细胞组织切片或装片。

4. 荧光显微镜

荧光来自于特定波长光辐射作用所激发的较高能级的电子跃迁而放出的一些具特定能量的光子（波长比激发光长）。例如，广泛应用的荧光染料其最大的激光为 490nm 而其发射光最大约为 530nm。少数物质如叶绿素具固有的荧光（初级荧光），大部分生物材料需用荧光染料染色后才显示出荧光，此为次级荧光。现代的显微镜使用入射光型，物镜用作为照明和物体观察。入射光型对激发作用和收集发射光是最有效的荧光显微镜能鉴定极少量的荧光物质，通过选择滤光器能高度无异地鉴定一定的荧光染料。大量的组织化学、免疫细胞化学方法用荧光染料选择物质特异性染色，具有很高的敏感性和特殊性。

5. 倒置显微镜

与标准实验室显微镜表面上似无相似性。但实际，其组成部件和功能是一致的。只是聚光器倒过来在镜台之上，物镜在镜台之下。工作距离较大，适于观察研究组织培养的细胞。

附录三　生物绘图法介绍

生物绘图是形象地描绘生物外形、结构和行为等的一种重要的科学记录方法。其原则是要求对所描绘生物对象做深入细致的观察，从科学的高度充分了解其有关形态结构特征，在此基础上，准确、严谨地绘制。所绘图形要具有真实性，并且简要清晰。此处主要介绍"线"和"点"的技法。

一、生物绘图主要技法要求

1. 线

生物绘图对线条的要求：

（1）线条要均匀，不可时粗时细。

（2）线条边缘圆润而光滑，不可毛糙不整。

（3）行笔要流畅，不能中间顿促凝滞。

2. 点

生物绘图中，点主要用来衬阴影，以表现细腻、光滑、柔软、肥厚、肉质和半透明等物质特点，有时也用点来表现色块和斑纹。生物绘图对点的要求：

（1）点形圆滑光洁。指每个小点必须成圆形，周边界线清晰，边缘不毛糙，切忌"钉头鼠尾"或边缘过于凸凹的点子出现。这就要求使用的铅笔芯尖而圆滑，打点时必须垂直上下，不可倾斜打点。

（2）排列匀称协调。画阴影时。由明部到暗部要逐渐过渡，即点了是由全无到稀疏再到浓密地进行布点，每一个点子也不能重叠。

（3）大小疏密适宜。点的分布不可盲目地一处浓，一处稀，或有堆集现象。暗处和明处的点子可适当有大小变化，但又不能明显地相差太多，更不可以在同一明暗阶层中夹入粗细差别过大的点子。

二、生物绘图一般程序

1. 起稿

（1）观察。绘图前，需对被画的对象（如动、植物的各个组织、器官以及外形等）作细心的观察，对其外部形态、内部构造和其各部分的位置关系、比例、附属物等特征有完整的感性认识。同时要把正常的结构与偶然的、人为的"结构"区分开，并选择有代表性的典型部位起稿。

（2）起稿。起稿就是构图、勾画轮廓。一般用软铅笔（HB）将所观察对象的整体及主要部分轻轻描绘在绘图纸上。此时要注意图形的放大倍数和在纸上的布局要合理，留出名称、图注等位置。起稿时落笔要轻，线条要简洁，尽可能少改不擦。画好后，要再与所观察的实物对照，检查是否有遗漏或错误。

2. 定稿

对起稿的草图进行全面的检核和审定，经修正或补允后便可定稿，一般用硬铅笔（2H 或 3H）以清晰的笔画将草图描画出来，定稿后可用橡皮将草图轻轻擦去，然后将图的各个结构部位作简明图注。图解注字一般用楷书横写，并且注字最好在图的右侧或两侧排成竖行，上下尽可能对齐。图题一般在图的下面中央，实验题目在绘图纸上中央，在绘图纸右上角注明姓名、学号、日期等。

附录四 常用解剖器具及其使用方法介绍

动物学常用实验解剖器具（附图 4 – 1）

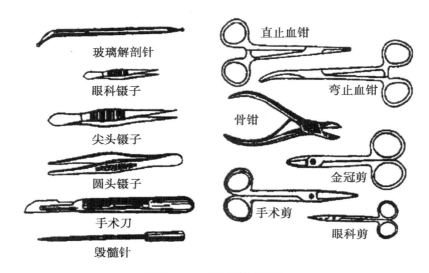

附图 4 – 1 常用解剖器具

1. 手术刀

用以切开皮肤、切割脏器或分离组织。有刀柄和刀片（刀片有大小与形状的不同）组合式以及刀柄和刀片连体式 2 种。常用的执刀方法有 2 种，执弓式（动作范围广而灵活）和执笔式（用力轻而操作精确）。实验中应根据需要选用不同的手术刀、刀片及执刀方法。

2. 解剖剪

用于剪皮肤、神经、肌肉，分离组织等。常分为直、弯、尖和钝头剪，又分长、短型及小型的眼科剪。一般长型用于深部，短型用于浅部，眼科剪用于精细部位。不要用手术剪剪骨头等坚硬组织、免伤刃口。注意执剪姿势，应以拇指和无名指分别插入柄的两环持剪。

3. 镊子

用来夹持、牵拉、分离组织。有圆头、尖头，直头、弯头，有齿、无齿和眼科镊等长短不一、大小不同的多种形式，可根据需要选用（通常夹持较坚韧或较厚的组织用有齿镊为宜，在脏器、大血管、神经等重要组织附近操作时宜用无齿镊。眼科镊用来夹起较小的组织或分离结缔组织，不可用力过度使之变形）。执镊时用拇指对食指、中指夹持镊柄，不宜实握于掌心中（附图4－2至4－4）。

执弓形　　执笔式

附图4－2　执刀方法　　附图4－3　执剪姿势（自黄诗笺等） 　　附图4－4　执镊姿势

4. 止血钳

用于夹闭出血的血管、分离牵引组织及用于打结等。根据大小、直弯等分为多种型号（头端细小的止血钳也叫"蚊式钳"）。执钳方法同手术剪。

5. 金冠剪

常在蛙类实验中使用。其形状短粗，尖端较短。易于着力。用于剪皮肤、肌肉、内脏、骨髓及结线等，执剪姿势与一般手术剪相同。

6. 毁髓针

专用来毁坏蛙类脑髓和脊髓的器械。分为针柄和针部。持针姿势一般采用执笔式。

7. 玻璃解剖针

专用于分离神经、肌肉和血管。其质地绝缘，尖端细圆，不易损伤神经和组织。有直头与弯头之分，使用时不可用力过大，以免折断尖端。

8. 骨钳

用于咬切骨组织。

附录五 固定剂、染液及其他用液制备法

一、固定剂制备法

1. 升汞水饱和液

升汞，即氯化汞，每 100ml 蒸馏水中，约需 7g 溶成饱和液。固定时间不宜过久，至标本不透明为止。原生动物等约需数分钟，大型动物约需 4～24h。若加入冰醋酸使成 1%～5% 混合剂，可增加固定效力。固定后应用流水冲洗数小时，或是用 50%～70% 酒精洗涤。

注：①升汞能侵蚀金属，所用器皿应为玻璃的。②制备升汞水溶液，必须用蒸馏水。

2. 肖氏（Schaudinn's）固定剂

升汞水饱和液　　　　　2 份
95%～100% 酒精　　　　1 份

可加冰醋酸，是成全量的 1%～5%。应用时加热至 60～70℃，固定时间为数分钟。

3. 杰氏（Gilson's）固定剂

升汞　　　　　　5g
硝酸　　　　　　4ml
冰醋酸　　　　　1ml
70% 酒精　　　　25ml
蒸馏水　　　　　220ml

溶液配合后经过 3d 滤清。固定时间，原生动物等 15～30min，大型的动物为 6～12h。

4. 鲍氏（Bouin's）固定剂

苦味酸水饱和液　　　75 份
40% 福尔马林　　　　25 份
冰醋酸　　　　　　　5 份

苦味酸 1 约可饱和于 75ml 水中。固定时间为 1～24h。如留在此液中稍久，亦无损害。

注：如整体制片，物体此较大，一定要加碳酸锂洗涤。

5. 四氧化锇，通称锇酸溶液

四氧化锇挥发性极强，并有毒性，制备时务必特别注意。本品价格昂贵，普通以小剂量（0.1～1g）装置在密封的玻管中。制备溶液时，先把外面的纸标撕去并且擦干

净，然后再用锉刀把玻管周围锉一道裂痕，但不要锉破，把玻管放入小型、小口、带色、洁净的玻璃瓶里（或用照相底片纸包裹白玻瓶）。在工作中通用的浓度为 0.05% ~ 2%。因此，可制备2%的锇酸溶液作为基本溶液。在配制不同浓度的溶液时，按比例加水于瓶中，把瓶塞盖紧，然后手持玻瓶用力振摇，使药管与瓶壁互相碰撞，锉伤的药管就会被碰碎于瓶中，药与水溶合后，再经轻摇使之混合均匀即成。倘若振摇后药管不破，只好把瓶盖打开用玻棒把药管打碎。固定时间为24h，固定后流水冲洗24h。

四氧化锇气体固定：先把动物黏附在载玻片上，再把载玻片（黏虫部分）覆盖在瓶口上面，使有虫的一面面向瓶内药液。如虫体较大，可系线悬入瓶中—固定时间为数分钟或数小时，工作完后必须洗手。

6. 福尔马林（商售的为40%）

通用成分为 5% ~ 10%，可以用商售的福尔马林 5ml 或 10ml 加水 95ml 或 90ml。如果是用以固定或保存海产动物，则应用洁净海水制备。福尔马林为酸性溶液，通常加入少许碳酸钠或碳酸镁使酸性溶液中和。

7. 升汞酒精溶液

升汞	3 ~ 4g
氯化钠	0.5g
酒精	100ml

固定时间为 30min 至 24h。

8. 克氏（Kleinenberg's）固定剂

（1）
苦味酸水饱和液	98 份
硫酸	2 份
水	200 份

或

（2）
苦味酸水饱和液	100ml
硫酸	2ml

滤清加 3 倍蒸馏水

应用时可加入冰醋酸，配成5%的溶液。固定时间为 1 ~ 24h，固定后须用 70% 酒精洗涤。

9. 福尔马林、醋酸、酒精混合液

40% 福尔马林	10 份
95% 酒精	50 份
冰醋酸	2 份
蒸馏水	40 份

标本可保存在混合液中，或换入 70% 酒精内，无须洗涤。

10. 硫酸铜、升汞混合液

10% 硫酸铜	100ml
升汞水饱和液	10ml

固定时间为数分钟至数小时。

11. 升汞铬酸混合液

升汞水饱和液	100ml
1%铬酸	50ml

固定时间为数分钟至数小时。

12. 铬酸、四氧化锇混合液

1%铬酸	100ml
1%四氧化锇溶液	2ml

固定时间为20min至数小时.

13. 铬酸、苦味酸混合液

1%铬酸	50ml
克氏固定剂	50ml

固定时间为数分钟至数小时。

14. 升汞、醋酸混合液

升汞水饱和液	100ml
冰醋酸	5ml

固定时间为数分钟至数小时。

15. 铬酸、醋酸混合液

（1）1%铬酸：	100ml
冰醋酸	5ml

或

（2）1%铬酸：	100ml
冰醋酸	10ml

固定时间不可过久。

16. 蓝氏（Lang's）固定剂

氯化钠	6～10 份
醋酸	6～8 份
升汞	3～12 份

固定时间数分钟至数小时。

17. 卡氏（Carnoy's）固定剂

冰醋酸	1 份
纯酒精	6 份
氯仿	3 份

固定 5～30min，洗涤须用浓酒精或用纯酒精。组织固定 4～24h 后，直接进入 70% 酒精中洗涤。

又剂：纯酒精、醋酸、氯仿以 1∶1∶1 配合后，再加入升汞，使溶液至饱和为止。此液适用于固定蛔虫卵。固定时间不得超过 30min。

18. 0.5%～1%铬酸固定剂

固定时用量大，固定时间为数小时至数日。固定后用流水冲洗数小时，经各级酒精，保存于 70% 酒精中，如果进行洗涤、去水等工序时，能在暗中操作，所得结果更好。

19. 柯氏（Kahle's）固定液

95% 酒精	30ml
40% 福尔马林	12ml
冰醋酸	2ml
蒸馏水	60ml

固定时间数小时，也可以长期保存，或换入 70% 酒精中保存。对昆虫的幼虫，最先把固定液注入体内进行固定，蚯蚓以及其他软体动物可用此液进行固定。

20. 秦氏（Zenker's）固定剂

重铬酸钾	2.5g
升汞	5g
硫酸钠	1g
蒸馏水	100ml
冰醋酸（用时加入）	5ml

把重铬酸钾、硫酸钠等加热溶解于水中，冰醋酸须于应用时加入。

固定 6~24h，用流水冲洗 12~24h，然后保存于 70% 酒精中。在切片染色前加以碘液，使成为绍兴酒颜色。碘能溶解汞晶体，所以颜色褪淡，再加入碘液，直至颜色不褪淡为止。换入 70% 酒精中，并须更换数次，至碘色退净为止。

21. 福氏（Flemming's）固定剂

1% 铬酸	15 份
2% 四氧化锇水溶液	4 份
冰醋酸	1 份

这个固定剂须于应用时制配，固定时间为 24~48h。然后于流水中冲洗 6~24h，移入酒精中。

22. 裴氏（Perrier's）固定剂

10% 硝酸	40ml
0.5% 铬酸	30ml
90% 酒精	30ml

固定时间为数分钟至数小时。

23. 楷氏（Carl's）固定剂

95% 酒精	170ml
40% 福尔马林	60ml
冰醋酸	20ml
蒸馏水	280ml

冰醋酸在使用时加入，可以长期保留此液中。

24. 椎氏（Tellyesniczky's）固定剂

重铬酸钾	3g

冰醋酸	5ml
蒸馏水	100ml

冰醋酸在使用时加入，固定时间数小时，然后用流水冲洗。

二、染液制备法

1. 豆氏/（Delafield）苏木精染液

先制备明矾水饱和液100ml。溶1g苏木精晶体于10ml纯酒精中，并把它徐徐滴入明矾溶液中，然后放置在光亮的地方，使与空气接触，数周后才能达到成熟。将溶液滤清，加入甘油及甲醇各25ml。染色时间为1分钟至数小时。

2. 海氏（Heidenhain's）铁苏木精染液

（1）第一液制备：

铁明矾（硫酸铁胺）	2.5g
蒸馏水	100ml

（2）第二液制备：

苏木精	0.5g
蒸溜水	100ml
95％酒精	10ml

海氏铁苏木精染液，是由两种溶液混合而成，但须在使用时才能混合。第一溶液配制后4~12h才能使用。第二溶液配制时先把苏木精溶于酒精内，然后加入蒸馏水，须经3~4周"成熟"后才能应用。两种溶液混合均匀后，染色时间为2~24h。

3. 曙红染液（伊红）

曙红	0.5g
酒精	100ml

4. 甲基绿染液

甲基绿是最好的细胞核染料之一，并且常用于生活组织。制备水饱和液，并须加入1％醋酸。

5. 诺氏（Noland's）染液

苯酚水饱和液	80ml
福尔马林	20ml
甘油	4ml
龙胆紫	20mg

须先用1ml蒸馏水把龙胆紫浸润后，再加入其他成分。

6. 胭脂矾染液

钾明矾	6g
胭脂红	6g
蒸馏水	90ml

把以上混合液煮沸半小时，等到沉淀后，把上清液倾出，加水煮至90ml为止。冷却后、滤清，加入少许麝香草酚或水杨酸，以防生霉。染色时间为6~24h。染后应放

入水中 15～20min，以洗去明矾。这种染液适用于扁形动物染色。

7. 马氏（Mayer's）酒精、洋红染液

洋红粉	4g
蒸馏水	15ml
盐酸	30 滴

把洋红粉先煮至溶解，加入85%酒精95ml，滤清后用氢氧化铵中和至将要产生沉淀为度。应用时以 10 倍微含酸性的酒精冲淡。染色时间为 6～24h。

8. 硼砂洋红染液

4%硼砂水溶液	100ml
洋红	1g

煮至洋红溶解，加入70%酒精100ml，经24h后滤清。染色时间为 12h 至数日。不要洗涤，可直接用含酸酒精褪色。

9. 酒精、硼砂、洋红染液

4%硼砂水溶液	100ml
洋红	2g 或 3g

先依照上法把洋红煮溶，加入等量70%酒精，数小时后滤清。

10. 美蓝或亚甲蓝染液

美蓝	1g
橄榄油	0.5ml
蒸馏水	300ml

11. 石炭酸、品红染液

碱性品红，95%酒精饱和液	10ml
5%石炭酸水溶液	90ml

12. 番红染液

沙黄	1g
苯胺水	90ml
95%酒精	10ml

苯胺水备制法：把4ml苯胺油放入90ml蒸馏水中混匀，然后用潮滤纸过滤清。染色时间为 24～48h，用含酸酒精褪色。

13. 亮绿染液

亮绿	0.5g
95%酒精	100ml

染色时间由数秒至数分钟。

14. 酒精、胭脂染液

胭脂	5g
氯化钙	5g
氯化铝	0.5g
硝酸（比重1：20）	8 滴

50% 酒精   100ml

先把胭脂与氯化钙与氯化铝混合，然后加入酒精及硝酸后煮至沸点，数日后滤清。染色时间为数小时。须用 50% 酒精洗涤。

15. 苯胺蓝液

用苯胺水制造浓溶液。

16. 藻红染液

1% 藻红水溶液。

染原生动物效果较好，水螅于切片以前，宜先用此液染色。

三、其他用液制备法

1. 马氏（Mayer's）蛋白胶

选用新鲜鸡蛋 2 个，在蛋壳上开 2 个相对的孔，把蛋清全部倾出。但勿使蛋黄破裂。用玻棒抽打蛋清，直到全部呈泡沫状为止。将蛋清液倒入量筒中，澄清后滤入小玻璃瓶中，再加以等量的甘油混匀，放少许水杨酸钠或百里酚防腐。

应用时将少量胶液倒入指管中，加软木塞盖，并在木塞中间插入一根小玻棒，用以蘸胶。

2. 加拿大香脂

取加拿大香脂 2g，加热干燥（65℃，1～2h），冷却后加二甲苯，使成为浆状稀薄液汁，取滤纸卷成漏斗，中间放些棉花用以滤清香脂浆液。将浆液置入瓶中移去瓶盖，以便二甲苯蒸发使胶变浓。市场上出售的香脂胶，需经调配浓度后才能使用。如果用国产松香自制成胶，效果也很好，只是颜色此较深。

3. 甲醇

此液有毒性，使用时务须注意、其浓度约为 90%。

甲醇酒精：麦制酒精加 10% 甲醇。

4. 酮氯仿溶液

常用的是 1% 水溶液，可用以麻醉动物。海产动物进行麻醉时，可用海水制备如下：

10% 酮氯仿纯酒精溶液   1 份

海水（洁净）   99 份

5. 薄荷醇

用来麻醉海生动物。把薄荷醇晶体粒置于盛有动物器皿的水面上，使之逐渐溶解经 12～24h 然后进行固定。

6. 硫酸镁

硫酸镁通称泻盐、硫苦，用它麻醉海产动物，方法与薄荷醇相同。如需用液体，可制备水饱和液。

7. 可卡因盐酸盐

用以麻醉动物时须渐渐滴入。此液不能久存，应在需用时制备。常使用 1% 的水溶液，也可制备 50% 酒精溶液。

8. 水合氯醛

用以麻醉海生动物，常用的浓度为 0.1% ~0.2% 海水溶液。也可将晶体直接溶于水中。

9. 氯仿

氯仿也是一种麻醉剂，液态和气态氯仿都有麻醉作用。使用液体麻醉时，用滴管把氯仿徐徐滴于水面，每隔几分钟滴 1 次，直到动物麻醉为止。使用气体麻醉时，先把氯仿倒入玻皿中，置放在盛有动物的笼旁，然后用钟形罩，把玻皿及笼罩严，直到动物被麻醉后再进行固定。

10. 生理盐水

生理盐水的成分与血液的成分近似，但对不同类群的动物选用的生理盐水浓度也不同。如用于淡水动物的浓度为 0.7% ~0.75%；用于海产动物的为 1.5% ~2.5%；用于哺乳类动物的为 0.85% ~0.9%；用于两栖类动物的为 0.67% ~0.7% 。

0.75% 生理盐水的配制：

氯化钠	0.75g
蒸馏水	100g

11. 甘油动物胶液

动物胶	20 份
甘油	100 份
蒸馏水	200 份
石炭酸	2 份

另剂：

蒸馏水	400ml
动物胶	65g

制备方法：先把动物胶浸于水中约 12h 以后，加热使之溶化，再加入两个鸡蛋清，继续用微火加热半小时，但不要煮沸。静置后，蛋清逐渐沉淀，水中的污浊物也随沉淀物下沉，以使动物胶清晰。用热滤器将胶液滤清，加入等量的甘油及 2g 石炭酸，加热约 10min，并用玻棒搅匀。使用时须隔水温化成液体。

12. 碘酒

饱和于 70% 酒精中。

13. 酸酒

30% 酒精	50ml
盐酸	3 滴

14. 纯酒精

纯酒精也叫无水酒精，实际上其浓度为 99.8%，通常写作 100% 。

制备方法：先把硫酸铜晶体加热除去水分，使变为白色粉状，然后把它加入到 95% ~96% 的酒精中。酒精中的水分与之化合后，硫酸铜粉呈蓝色。如此重复几次，直至不再变蓝为止。最后过滤装入干净的玻瓶中，瓶口宜涂凡士林，以防空气中的水分进入瓶中。

15. 醚醇，二乙醚酒精或称伊太酒精

醚	50ml
纯酒精	50ml

16. 火棉

称 15g 干火棉，把它浸没于适量的纯酒精中，经 12h 后，溶于 2 000ml 伊太酒精中，即成为浓火棉。浓火棉再加以等量的伊太酒精，即成为淡火棉，或稀火棉。无论浓、淡火棉，都应储存于带玻塞的玻璃瓶中。

参考文献

白庆笙，王英永，等.2007.动物学实验［M］.北京：高等教育出版社.

彩万志，等.2001.普通昆虫学［M］.北京：中国农业大学出版社.

陈品健，陈小麟.1996.动物生物学［M］.厦门：厦门大学出版社.

陈品健.2001.动物生物学［M］.北京：科学出版社.

陈义.1993.无脊椎动物比较形态学［M］.杭州：杭州大学出版社.

陈阅增.1997.普通生物学［M］.北京：高等教育出版社.

成令忠.1999.组织学与胚胎学［M］.北京：人民卫生出版社.

丁汉波.1983.脊椎动物学［M］.北京：高等教育出版社.

堵南山.1989.无脊椎动物学［M］.上海：华东师范大学出版社.

费梁，叶昌媛，黄永昭，等.2005.中国两栖动物检索及图解［M］.成都：四川
科学技术出版社.

冯昭信.1998.鱼类学［M］.2版.北京：中国农业出版社.

胡锦矗.2007.哺乳动物学［M］.北京：中国教育文化出版社.

黄诗笺，卢欣.2001.动物生物学实验指导［M］.北京：高等教育出版社.

黄正一.蒋正揆.1984.动物学实验方法［M］.上海：上海科学技术出版社.

江静波.1965.无脊椎动物学［M］.北京：高等教育出版社.

李福来.1984.鸟类食性与消化管的特点［J］.北京：生物学通报（2）：20.

李明德.1992.鱼类学形态和生物学［M］.天津：南开大学出版社.

刘德增.1993.中国淡水涡虫［M］.北京：北京师范大学出版社.

刘凌云，郑光美.1997.普通动物学［M］.3版.北京：高等教育出版社.

刘凌云，郑光美.2000.普通动物学实验指导［M］.2版.北京：高等教育出
版社.

刘凌云，郑光美.2010.普通动物学实验指导［M］.3版.北京：高等教育出
版社.

卢耀增.1995.实验动物学［M］.北京：北京医科大学/中国协和医科大学联合出
版社.

马克勤.1986.脊椎动物比较解剖学实验指导［M］.北京：高等教育出版社.

孟庆闻，苏锦祥.1995.鱼类分类学［M］.北京：中国农业出版社.

南开大学实验动物解剖学编写组.1980.实验动物解剖学［M］.北京：人民教育
出版社.

潘清华，王应祥，岩昆.2007.中国哺乳动物彩色图鉴［M］.北京：中国林业出

版社.

任淑仙.1990.无脊椎动物学（上、下册）［M］.北京：北京大学出版社.

上海第一医学院.1979.组织胚胎学［M］.北京：人民卫生出版社.

盛和林.1985.哺乳动物学概论［M］.上海：华东师范大学出版社.

王所安，和振武，等.1991.动物学［M］.北京：北京师范大学出版社.

王义权，方少华.2002.文昌鱼分类学研究及展望［J］.动物学研究，2005，26（6）：666－672.

王应祥.中国哺乳动物种和亚种分类名录与分布大全［M］.北京：中国林业出版社.

许崇任，程红.2000.动物生物学［M］.北京：高等教育出版社，施普林格出版社.

杨安峰，程红.1999.脊椎动物比较解剖学［M］.北京：北京大学出版社.

杨安峰，等.1979.兔的解剖［M］.北京：科学出版社.

杨安峰.1994.脊椎动物学［M］.北京：北京大学出版社.

郑光美.1991.脊椎动物学实验指导［M］.北京：高等教育出版社.

郑光美.1995.鸟类学［M］.北京：北京师范大学出版社.

郑光美.2005.中国鸟类分类与分布名录［M］.北京：科学出版社.

郑作新.1982.脊椎动物分类学［M］.北京：科学出版社.

中国野生动物协会.1995.中国鸟类图鉴［M］.郑州：河南科学技术出版社.

Chapman J L, Reiss M J. 2001. Ecology: principles and applications ［M］.2nd Ed. 影印版.北京：清华大学出版社，Cambridge University Press.

Fried G H, Hademenos G J. 2002. 田清涞，译. 生物学［M］.北京：科学出版社.

Kardong K V. 2002. Vertebrates: comparative anatomy, function, evolution ［M］.3rd Ed. New York : McGrawh Hill Higher Education.

Lawrence E. 2000. Henderson's dictionary of biological terms ［M］.12th Ed. Harlow: Pearson Education Ltd.

Pough F H, Janis C M, Heiser J B. 1999. Vertebrate life ［M］.5th Ed. New Jersey: Prentice Hall.

Primack R，季维智.2000.保护生物学基础［M］.北京：中国林业出版社.

Starr C, Taggart R. 2001. Biology: the unity and diversity of life ［M］.9th Ed. California: Tomson Learning Inc.

Strickberger M W. 2002. Evolutiong. 3rd Ed ［M］.影印版.北京：科学出版社.

Wilson E O. 1992. The diversity of life ［M］.Harvard: Harvard University Press.